艺术设计
ARTDESIGN

空间构成与设计

KONGJIAN GOUCHENG YU SHEJI

万彧吉 著

U0303324

华中科技大学出版社
http://www.hustp.com
中国·武汉

内 容 简 介

本书采用案例分析与观点阐述相结合的方法,灵活地引入"人机工程学""设计心理学"等知识,并以此实现了对空间设计的深入探讨。本书在"认识空间"和"人是空间设计的根本"中提出了空间设计的相关问题,并强调了人的体验感在空间设计中的重要性。在"空间的设计元素"—"空间的限定"—"空间的组合"中,采用由浅入深的方法阐述了空间设计的观点。在"空间的内涵"和"空间的创意"中,对空间更深层次的设计进行了解析。本书增加了"综合案例分析"和"实训环节",以更好地表达作者在空间设计上的观点。

图书在版编目(CIP)数据

空间构成与设计/万彧吉著.—武汉:华中科技大学出版社,2018.8(2025.1重印)
ISBN 978-7-5680-4495-0

Ⅰ.①空⋯ Ⅱ.①万⋯ Ⅲ.①室内装饰设计 Ⅳ.①TU238.2

中国版本图书馆 CIP 数据核字(2018)第 176760 号

空间构成与设计
Kongjian Goucheng yu Sheji

万彧吉 著

策划编辑:彭中军
责任编辑:段亚萍
封面设计:孢 子
责任监印:朱 玢
出版发行:华中科技大学出版社(中国·武汉)　　电话:(027)81321913
　　　　　武汉市东湖新技术开发区华工科技园　　邮编:430223
录　排:华中科技大学惠友文印中心
印　刷:广东虎彩云印刷有限公司
开　本:880mm×1230mm　1/16
印　张:7.5
字　数:217 千字
版　次:2025 年 1 月第 1 版第 4 次印刷
定　价:49.00 元

前言

对于环境设计以及相关专业如建筑设计、景观设计、室内设计等而言,空间设计是重要的基础知识,是后期相关专业高端设计质量和创意的重要来源。本书并不仅限于阐述空间设计相关内容,而是把世界经典建筑、景观、室内空间设计的案例融入其中,让读者在了解空间设计内容的同时,还能理解其在实际案例中的运用方法。

本书在撰写中,力图在不丢失专业性的同时,增加可阅读性和趣味性。本书除了使用常规描述性文字之外,还增加了分析示意图,以更加直观、专业也更加易懂的方式来阐释空间设计的内容和方法。本书不仅适合环境设计专业的学生、从业设计师参阅和学习,也适合没有专业基础但对空间设计充满热情的业余爱好者阅读。

本书撰写的目的是实现"以人为本"的空间设计理想,以科学的空间设计方法,体现设计的意义与价值。知识无尽而时间有限,本书在编写过程中参考了相关文献资料,因为网络转载多次等原因,有的未能找到原出处和作者,未能在文中标注,在此向相关作者表示歉意,同时向相关作者表示感谢。本书仅代表作者个人见解,如有不妥之处,希望读者能把不同的意见和建议给予反馈,愿与读者共同进步!

重庆文理学院

万彧吉

2018 年 6 月

KONGJIAN GOUCHENG YU SHEJI

目录

KONGJIAN GOUCHENG YU SHEJI

第1章

认识空间

RENSHI KONGJIAN

1.1

为什么要研究空间

语言是人与人之间交流的重要工具。空间语言是环境设计工作者、建筑设计工作者、景观设计工作者之间进行交流的专业语言,同时,也是相关专业人士进行交流的通用语言。空间语言是一门真正的国际性语言。在世界上的任何地方,人们都能领会通过空间传达出的意愿。无论参观者是否对空间专业知识进行过了解,他们都能或多或少地领略到空间所传达出的某种讯息,并为之感动。

1.2

空间的概念

空间存在于我们周围,把我们包围着。它是无形的,却又能变成你希望的形状;它是客观存在的,却又经常被遗忘。

那么,什么是空间呢?

空间是物体与物体之间位置差异的度量。简言之,实体以外的,都可称为空间。空间是现实存在的,它除了具有长度、宽度和深度的基本特性之外,还具有"时间"的特性,人们能够在空间里进行位置的移动——这是"空间"与"雕塑"的本质区别。因此,空间是四维的,具有四维特性,即长度、宽度、深度和时间。建筑物里面是室内空间,建筑物外面就是室外空间。分隔室内空间与室外空间的是实体。空间示意图如图 1-1 所示。

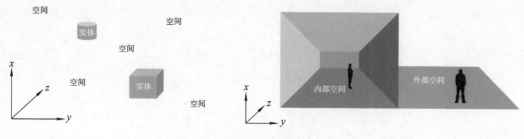

图 1-1　空间示意图

1.3

人对空间的感知

空间既然是客观存在的,那么它是否能被人感知呢?答案是肯定的,空间能被人感知。空间通过限定、围合、形式、材质、颜色、光线等来让人感知,并与人产生心理共鸣。

比如:一望无垠的空间能让人心情舒畅,心胸开阔;悬崖的空间既让人有身处高处的优越感,也有脚下凌空的危险感;峡谷的空间则让人有较强的限制感,有明显的被包围感。体现空间感知的图片如图1-2所示。

图1-2 体现空间感知的图片

中国传统的高台建筑就是古人对空间感知进行灵活运用的典型例子:通过把建筑营建在加高的地台上,从而达到让建筑形象更加高大、庄重的视觉效果。这种高台空间的典型案例就是唐朝的大明宫含元殿空间。虽然含元殿已经不复存在,但我们仍旧可以在唐代诗人李华的《含元殿赋》里体会到它的威武与壮观的空间景象。唐朝诗人王维对含元殿的空间有"九天阊阖开宫殿,万国衣冠拜冕旒"的诗句,白居易也曾留下"双阙龙相对,千官雁一行"的描述。含元殿让泱泱大国的气势展露无遗,通过空间感知,确实实现了中国古代建筑的深层含义:"威四海"。

如果说唐朝含元殿存在于历史中,让人无法切身感受其空间的话,那么现存的中国古代高台建筑的典型案例——紫禁城太和殿,无疑是此类建筑的代言者了。太和殿建于三层汉白玉台阶之上,从而让建筑物远高于平地,呈现出金碧辉煌、恢宏大气的空间感觉。人站立于台阶之下,仰望太和殿,不禁心生敬畏和朝拜之情;人若立于台阶之上,则俯视下方,威仪万方。北京紫禁城太和殿如图1-3所示。

太和殿外观　　　　　　　仰视太和殿　　　　　　　俯视太和殿

图1-3 北京紫禁城太和殿

虽同在紫禁城内,同为皇帝使用的建筑内部空间,太和殿正殿和西暖阁则让人有完全不同的空间感知。太和殿正殿内部空间主要为皇帝集中接见朝臣和外邦使臣的地方,空间感觉巍峨、气派、奢华和威严。西暖阁为皇帝平日独立处理朝务和召见个别朝臣的地方,空间感觉紧凑、舒适和放松。紫禁城内部空间感知对比如图1-4所示。

正殿室内室间

西暖阁室内空间

图 1-4 紫禁城太和殿内部空间感知对比

1.4
空间研究的历史

1.4.1 国外对空间的研究

人对空间的研究一直充满热情。在历史上,人类一直不断地感受、创建和研究空间,不仅让空间在功能上能"为我所用",而且试图借助空间传达出某种特定的含义。

在古埃及时期,人们认为人死了之后灵魂会飞升上天,待千年之后,灵魂会返回地球,重新回到肉身之中,最终获得永生。为此,古埃及人对灵魂的引导和尸体的保存非常重视,不仅发明了木乃伊的制作方法,还建造出了宏伟的陵墓建筑空间——金字塔(pyramid)。胡夫金字塔实景图如图 1-5 所示。

图 1-5 胡夫金字塔实景图

有学者研究表明:胡夫金字塔的选址刚好能对应宇宙中猎户星座腰际的三颗星辰。由此可见,古埃及人的天文学和测量学着实让人惊叹。据说,金字塔"下宽上尖"的形状能引导灵魂飞向猎户星座。真可谓:金字塔之大,成为埃及法老人生的丰碑;金字塔之高,让灵魂离天更近;金字塔之形,指引了灵魂飞升的方向。胡夫金字塔分析图如图1-6所示。

图1-6 胡夫金字塔分析图

如果说古埃及时期,人对空间的认识还停留在初期的"纯感觉"的话,那么从14世纪文艺复兴运动(Renaissance),人们便开始对空间进行科学的研究。文艺复兴时期,人们认识到空间透视的重要性,无论在绘画上还是在空间设计上,都对透视进行了深入的、孜孜不倦的研究。

出生于1377年的佛罗伦萨建筑师布鲁内莱斯基(Filippo Brunelleschi,1377—1446年)在前人研究的基础上经过反复论证,研究出了透视的基本原理。那个时期的意大利建筑师阿尔伯蒂(L. B. Leon Battista Alberti,1404—1472年)在他所著的《绘画论》中专门论述了透视学的相关知识,并在建筑实践中进行了验证。相关研究示意图如图1-7至图1-9所示。

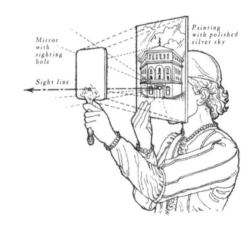

图1-7 文艺复兴时期对透视的研究示意图　　　　图1-8 布鲁内莱斯基的窥孔装置示意图

固定站点的一点透视是文艺复兴时期空间研究和设计的基础。这对之后欧洲的空间设计(室内、建筑和园林等)起到了至关重要的作用。透视学的提出和建立,让人们对空间的理解更加深入,对空间的设计也日益趋于理性化。

拉斐尔·桑西(Raffaello Sanzio,1483—1520年)所绘的《雅典学院》(1510—1511年作)是以古希腊哲学家柏拉图建立的雅典学院日常情形为主题进行创作的绘画作品(见图1-10)。油画中采用一点透视的方法描绘出了雅典学院建筑的内部空间。作品中对透视的运用让整个空间场景更接近于真实,让人们领会了古希腊时期活跃的文化氛围,作品也因此更具感染力。

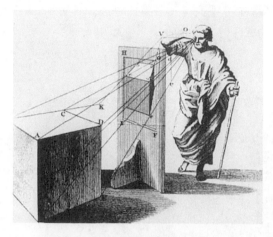

图 1-9　阿尔伯蒂的空间透视研究示意图

●空间透视点(灭点)　　透视线　- -中轴线

图 1-10　桑西绘画作品中的一点透视

　　法国的凡尔赛宫(Chateau de Versailles)园林是国王路易十四(Louis-Dieudonné)于 17 世纪开始营建的空间,它是欧洲古典主义空间的代表作。凡尔赛宫园林中穿透整个空间的视线、整齐排列的花木、人工修剪的树篱等,让凡尔赛宫无论在建筑空间还是园林空间设计中均明显体现出一点透视(见图 1-11)的空间设计方法。

●空间透视点(灭点)　　- - -透视线　■ - -中轴线

图 1-11　凡尔赛宫园林的一点透视

　　空间设计的一点透视法在欧洲古典空间设计上一直广泛运用,除此之外,几乎没有其他的透视方法出现,直到法国兴起了立体主义(Cubism)运动。立体主义给人们的思维和创作打开了另一番新天地。人们开始尝试在写实之外,运用简洁的线条来描绘对象(人物、静物、景色等),并试图让所描绘的对象具有真实场景般的运动感和存在感。1907 年,西班牙艺术家毕加索(Pablo Picasso)创作的《梦》(又名《在红色安乐椅上睡熟的女人》)(见图 1-12)是一幅具有典型立体主义特征的绘画作品。作品简洁的线条和明快的色彩展现出一个侧着脸在椅子上睡觉的女人,与此同时,毕加索还对女子的正脸做了适当的描绘。这种在一幅画中同时表现出人的正面和侧面的方法,让人惊奇,前所未见。这让人感觉画中睡觉的女子如此具有魅力:不仅侧脸让人着迷,就连她无意间转动脸庞后所呈现的正脸也是这样美丽,仿佛她就在你的对面一样真实。该作品的画面通过并列、叠加等方式展示出对象的运动感(固定站点的多种透视)。就透视而言,《梦》的画面具有复杂性和矛盾性,这无疑更加接近于现实生活中"活着(运动着)的人"的真实。

　　在空间设计领域,设计师们尝试着把简洁的几何线条运用到空间造型上(这促进了现代主义(Modernism)建筑风格的诞生),并研究在固定站点的一点透视之外的空间透视的可能性——这无疑会让空间展现出多面性和复杂性。同一个站点的多个视点透视为空间设计带来了新的活力。

　　现代主义建筑大师勒·柯布西耶(Le Corbusier)在进行建筑空间设计之外,还时常通过绘画来开拓思维。简洁的直线和有张力的曲线是柯布西耶最喜欢的线条。他认为绘画中的弧线、方形、比例关系、色彩等内容完

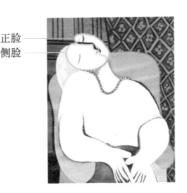

正脸
侧脸

图1-12 毕加索立体主义绘画《梦》透视分析示意图

全可以运用到建筑的平、立、剖面中去,并以此设计出空间(见图1-13)。

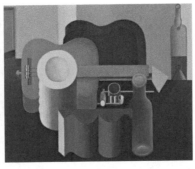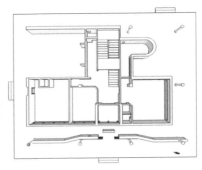

图1-13 柯布西耶画作与设计图比对

柯布西耶设计的拉罗歇-让纳雷别墅(The Villas La Roche-Jeanneret,1923—1925年)和萨伏伊别墅(The Villa Savoye,1928—1930年)空间均采用了简约的线条和多层共享空间的模式。他在多层共享空间设计上,对多站点透视在空间设计上的运用进行了尝试,并逐渐成熟。多站点透视指的是人在空间中多个点进行停留,并由此而产生多个透视。多站点透视在设计上更为复杂,这也让空间设计更具有挑战性。

以拉罗歇-让纳雷别墅空间中的画廊空间为例(见图1-14):画廊空间采用两层共享式空间,在画廊的大门处,柯布西耶确定了"1"号站点,并根据这个站点的位置,设计完成了视野内的空间;当人的位置变换到"2"时,柯布西耶又重新定位了人的站点,根据新站点设计完成了这个角度的空间;当人的位置上升到"3"时,空间一览无余,给人带来完全不同于"1"和"2"的视觉体验感。在多层共享空间中挑出的平台被认为是最具诱惑力的站点。这种多站点空间透视在柯布西耶的空间设计中被广泛运用,是他设计的标志之一。

空间中的多个站点　　　　"1"站点空间透视　　　　"2"站点空间透视　　　　"3"站点空间透视

图1-14 拉罗歇-让纳雷别墅空间透视设计分析

从现代主义开始,西方世界对空间的研究进入了多点透视和理性秩序的时代。

1.4.2　国内对空间的研究

从宫殿建筑到民居建筑,建筑物的空间组合方式一直是中国传统建筑空间设计的重要内容之一。中国在封建社会前期便完成了建筑群的基本样式演变——四合院。在之后的漫长岁月里,四合院空间演变得更加丰富,更具有层次感。但始终不变的,是中国人对社会等级制度的严格遵循和内向的民族性格,这表现为封闭式的院落空间形态和建筑群的层级递进关系。

虽然对透视学没有进行专门研究,但中国人对空间美感的追求仍然让透视的设计感在空间上展现无遗。就案例来看,整个四合院(见图1-15)较大的空间站点(透视)就有5个,其中,还有更小院落的空间透视未及标明。中国人与生俱来的空间感,来源于中国历代文人对自然山水美感的研究。中国人一直热爱自然之美,这种对大自然的倾心热爱,让古代文人在绘画上特别讲究画面布局以及物体之间的位置关系。当这种物体之间的位置关系从画面转换到实际场地上时,也就形成了空间的透视。所以,中国人对透视的理解,往往是在追求美感的过程中以感性的角度自觉实现的。

北

小窗户

高而封闭的外墙

东城区南池子大街82号、84号四合院

侧开或有遮挡的大门

图1-15　四合院分析图

比如,在中国造园手法中就讲究"框景"的处理,即把景物限定在一个"框"里,这个"框"可以是门洞、窗洞或者任何造型的墙体开口。空间设计者透过"框"把景物最美丽的部分呈现在观察者眼前。要达到理想的框景效果,就要求空间设计者必须透彻研究"观察者"—"框"—"目标观察物"三者之间的透视关系,准确把握它们三者的空间位置——这实际上就是透视学在实践中的运用。

北京天坛始建于明永乐十八年(1420年),是明清两朝举行祭祀大典的地方。天坛公园的祈谷坛建筑群在空间设计上就成功地运用了透视:当空间体验者从祈年门进入该建筑群空间时,从建筑门洞中便可看见"恰好"处于"框景"中的祈年殿的完整形象。观察者对天地自然的崇敬之情油然而生。这种对"观察者—入口—祈年殿"位置以及大小的推敲,实际上就是设计者对祈谷坛建筑群空间透视的研究。北京天坛祈年殿空间透视分析图如图1-16所示。

综 合 案 例 分 析

法国的凡尔赛宫和中国的紫禁城(故宫)为世界著名宫殿,下面对这两个宫殿建筑空间进行对比分析,以便于更好地认识空间和理解不同文化空间感知的异同。

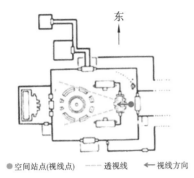

●空间站点(视线点)　—— 透视线　← 视线方向

图 1-16　北京天坛祈年殿空间透视分析图

案例 1:法国凡尔赛宫

1688 年建设完成的法国凡尔赛宫建筑是欧洲古典主义风格的杰出代表。凡尔赛宫(见图 1-17)建筑空间体量庞大,建筑内部空间极为奢华,蔚为壮观。

图 1-17　凡尔赛宫全景图

宫殿建筑空间呈轴线对称式,显示出稳重感和仪式感。建筑物平面布局采用直线组合方式。凡尔赛宫建筑物虽然体量庞大,建筑物之间却独立存在,并不彼此相连。通俗一点来说:要么你处在建筑物的内部空间中,要么你处在建筑物的外部空间中。宫殿建筑外部空间和内部空间设计主要采用了固定站点的一点透视法,加强了观察者在固定站点的空间透视感。中轴线对称的布局方式和空间内外的明确区分是欧洲传统空间设计的明显特点,相关图示如图 1-18 和图 1-19 所示。

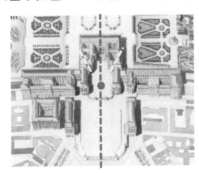

●空间透视点　—— 透视线　---中轴线

图 1-18　凡尔赛宫建筑空间对称构图和一点透视分析示意图

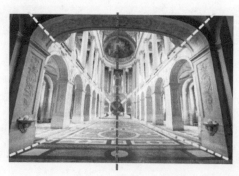

●空间透视点　　——透视线　　━ ━ ━ 中轴线

图 1-19　凡尔赛宫建筑内部空间的对称构图和一点透视分析示意图

案例 2：中国紫禁城（Forbidden City）

北京紫禁城（故宫）是中国明清两朝的皇宫，在明朝成祖永乐四年（1406 年）开始修建，于永乐十八年（1420 年）建成，工程历时 14 年。紫禁城平面形态为方形，南北长为 961 米，东西宽为 753 米，四面都有高度 10 米的坚固城墙进行围护，城墙外还环绕了宽度为 52 米的护城河。紫禁城空间规划上分为前后两个部分：外朝和内廷。外朝以三大殿为中心，是皇帝处理国家事务和举行大典的地方，又称为前朝。内廷主要是皇帝家眷居住的地方，又称为后宫。紫禁城建筑空间实景如图 1-20 所示。

图 1-20　紫禁城建筑空间实景

紫禁城是由无数个单体建筑物组合而成的建筑群。在建筑群的组合上充分体现出中国的社会等级制度、社会礼制和民族性格。重要建筑物和建筑群按照中轴线对称方式布局，体现出正式感、庄重感和仪式感。主次建筑在空间位置、建筑体量和建筑营建规格上均表现出严格的等级制度。根据建筑群的空间层级关系和位置，依次对每个院落进行了空间透视设计。紫禁城的空间站点虽数量众多，但由于遵循了礼制和社会等级制度，所以主次关系明确，并不混乱。紫禁城建筑空间分析示意图如图 1-21 所示。

紫禁城的各个建筑群落都被围墙所围合，围墙高度远远高于人体高度，围墙对外不开窗，表现出严格的社会礼制和内向的民族性格（见图 1-22）。

在空间透视（见图 1-23）上，紫禁城空间并不刻意表现出对一点透视的强调，而是采用透视与环境融合的方式，让体验者自觉地把视线集中在空间的焦点上，比如地面的抬升、石板地面的拼装规律、地毯的位置及大小的选用、陈设品的摆放等。

紫禁城的单体建筑物之间、建筑物与外部空间之间采用只有柱子而没有墙体的"游廊/回廊"等进行空间连

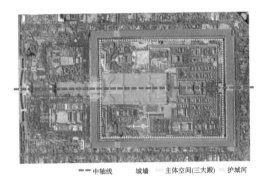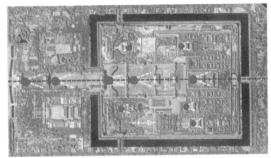

——中轴线　　城墙　　■主体空间(三大殿)　■护城河　　　　　　●空间透视点　　透视线　　■—中轴线

图 1-21　紫禁城建筑空间分析示意图

图 1-22　紫禁城实景

●空间透视点　　　透视线　　■—中轴线

图 1-23　空间透视

接。单体建筑物的屋顶房檐出挑于建筑外墙,形成屋檐下的"廊道"空间。也就是说,人可以身处于建筑物内部空间,也可以身处于建筑外部空间,还可以身处于屋檐下或回廊下的空间。这让空间除了有内外之分外,还有"灰色地带"。介于建筑物内部空间和建筑物外部空间之间存在的空间,被称为灰空间。紫禁城灰空间分析如图 1-24 所示。

■灰空间

图 1-24　紫禁城灰空间分析

建筑群的有机组合、空间的轴线布置、屋顶的多种样式和灰空间是中国传统空间的特点。

实训环节：

请仔细观察生活中的各种不同空间，并体会由此带来的空间体验感的差异。

第2章

人是空间设计的根本

REN SHI KONGJIAN SHEJI DE GENBEN

2.1

什么是空间设计

空间设计是研究实体与虚体之间的存在关系。要证明实体的存在,对实体进行设计是容易的;但要证明虚体(空间)的存在,并对其进行设计是很困难的。对于环境设计而言,空间设计又是非常必要和重要的。在空间设计中,如果仅仅只关注空间立面的装饰设计,那么整个设计只具有视觉装饰性,设计具有二维平面感;但如果对空间进行设计,那么整个设计不仅具有视觉装饰性,而且能够让整个环境变得具有立体感和深度感,让空间如影随形地存在于参观者周围,亦步亦趋,移步异景,从而使设计更加容易让人感动。

2.2

人对空间的需求

2.2.1 人对空间的现实需求

人之所以建造空间,其本质是为了满足基本生活需求,并希望以此提高生活质量。常见的满足人现实需求的空间有居住空间、办公空间、商业空间等。

以居住空间为例。在远古时候,人类虽然并不会建造空间,但懂得利用空间来满足生活基本需求,让空间能为人类服务。比如,天然洞穴相对于开敞的平地而言,具有遮风避雨的优势,因此,最早的人类选择天然洞穴为居住场所,以便让生活更为安逸和舒适。据说,目前在中国的贵州仍有少数苗族人因喜爱洞穴的居住环境而长期居住在一个名为"中洞"的洞穴之中(见图2-1)。

图 2-1　居住洞穴

天然洞穴受限制于固定地区,具有不可移动的特性。随着人类生活经验的逐步积累和生活范围的扩大,人们开始在有限的生产力条件下试着建造简单的空间,主要用来祭祀和居住。

在原始社会的长江流域地区,人们根据生活经验建造出了早期的杆栏式居住空间样式,即一种把建筑空间建造在远离地面(架空)的平台上的建筑样式。这种空间不仅可以提供遮风避雨的功能,还满足了对空间防潮、防虫等的要求。在黄河流域地区的半地穴式建筑空间中,人类开始对空间进行功能性设置的探索:居住空间要有采光和通风的要求,坐卧空间要高于一般地面,烹煮空间要有排烟的功能……这个时期的建筑空间对人类居住环境的安全性和舒适性做出了重要的探索。(见图 2-2)

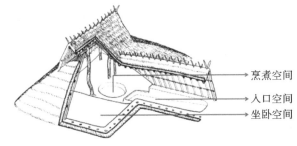

烹煮空间
入口空间
坐卧空间

图 2-2　中国河姆渡的杆栏式住宅和黄河流域的半地穴居复原图

随着生产力水平的不断提高,人对生活安全性和舒适度的要求也越来越高,建筑空间的功能性更加趋于完善,不仅满足日常生活的基本功能要求(如会客区、居住区、餐饮区等),还满足生活的附加功能需求(如书房、洗衣房、杂物间等)。在卧室空间设计中,室内设计师通过放置适合休息的家具和营造舒适的气氛,力图达到帮助人们放松身心、获得更好休息的目的。现代户型图如图 2-3 所示。

图 2-3　现代户型图

2.2.2　人对空间的心理需求

人除了为满足生存和生活需求而建造空间之外,还会为了满足某种心理需求而建造空间。常见的满足人心理需求的空间有祭祀空间、纪念空间、休闲空间等。

在英国威尔特郡的索尔兹伯巨石阵(见图 2-4)是公元前 2300 年的远古时期人类用重达 50 吨的石块建成的人造空间。经考古学家研究发现,该空间可能是祭祀用的神庙。巨石阵在建筑空间领域和天文学领域都有重要的作用。巨石阵空间在当时十分有限的生产力条件下是如何进行建造的,到现在仍旧是个谜。

由丹尼尔·里柏斯金(D. Libeskind)设计完成的柏林犹太博物馆(见图 2-5)是用来纪念在犹太人大屠杀中被害的犹太人的纪念性空间设计项目。该博物馆位于德国首都柏林市的第五大道和 92 街的交界处,现在已经

图 2-4　英国威尔特郡的索尔兹伯巨石阵

成为柏林具有代表性的建筑物之一。在设计造型上,该博物馆空间用刚直、冷硬的直线条,以尖锐角度进行转折和组合。建筑空间的开窗方式也仿佛是被撕开的裂缝一般。在质感、色彩上,该博物馆空间采用金属冷色调进行建筑外观包裹,表达出异常冷漠、无情的空间氛围。

图 2-5　柏林犹太博物馆建筑外部空间

　　柏林犹太博物馆室内空间(见图 2-6)延续了直线和尖锐的感觉,大量裸露的青灰色清水混凝土材料、对空间体验者视线进行的限制等设计手法都让整个空间氛围凝重而压抑,给人带来无限的绝望感。

图 2-6　柏林犹太博物馆室内空间

　　由美国建筑师彼得·艾森曼及布罗·哈普达共同设计完成的柏林犹太人大屠杀纪念碑(见图 2-7)占地约19 000 平方米。该纪念碑景观空间在一个斜坡上,以网格图形的方式排列安放了多达 2711 块的混凝土板,每块混凝土板长 2.38 米,宽 0.95 米,高度从 0.2 米到 4.8 米不等。这些青灰色仿若棺材的混凝土板采用大地艺术的表现方式,从空间设计上、数量上都让空间体验者产生了心灵上的震撼。

　　柏林犹太人大屠杀博物馆和纪念碑通过综合运用空间设计手法(材料、质感、光线、色彩、视线等),力图传

图 2-7　柏林犹太人大屠杀纪念碑景观空间

达出一种极度冰冷和绝望的情绪,希望让现在的人们在"感同身受"的同时,能产生一种由"震撼"到"反思"的心理感触。

根据以上分析可知:人对空间进行创建,都是基于对空间的某种需求。空间一旦被创建出来,也必将为人服务。因此,对于任何空间的研究和创建都应该把握住"以人为本,设计为人类服务"这个核心原则。

2.3
人对空间的要求

那么,人对空间的具体要求到底是什么? 什么样的空间才能满足人的要求呢? 人对空间的基本要求(见图2-8)按照阶梯样式从低到高有四个,分别是安全性要求、功能性要求、刺激性要求和标识性要求。

图 2-8　人对空间的基本要求

2.3.1　安全性要求

空间的安全性是需要满足的首要基本要求。空间的安全性可以从两个方面实现,即现实中的安全性和心理上的安全性。

从空间的现实安全性来讲,要保证空间被建造出来时是安全的,要保证人在空间里进行相关行为和动作的时候空间是安全的。了解、掌握和运用切实可行的营建技术和材料是对空间设计师的根本要求。

人在心理上对空间也具有安全性的要求。人在空间之中,心理上会受到来自客观环境复杂的影响,再加入人的主观感受之后,便获得了对空间的综合判断:安全或者不安全。这种心理上的判断,有时是对空间现实安全性的判断,有时则是纯粹的感性化判断。比如,人在空荡荡的地铁车厢空间(见图 2-9)和在日常运作的地铁车厢空间,心理上的安全性感受是完全不同的。在空无一人的地铁车厢里,人可能会觉得"不安全";而在有人的地铁车厢里,人会觉得"安全"。

图 2-9 地铁车厢空间

2.3.2 功能性要求

人之所以建造空间,是为了让空间满足人的某种功能性需求。居住空间是为了满足人休息和家庭生活的人伦功能要求而建造的,影院是为了满足人娱乐的功能要求而建造的,图书馆空间是为了满足人的学习和求知欲功能要求而建造的,景观空间是为了满足人欣赏景色、放松心情的功能要求而建造的。不同的空间如图 2-10和图 2-11 所示。

图 2-10 某居住客厅空间和电影院空间

2.3.3 刺激性要求

生理学的研究证明:人在被外界事物刺激的时候,常常会呼吸加深,心跳加速,血液循环加快,进而影响到大脑的运作。若放眼四周会发现,其实我们生活在一个满是刺激的环境之中。在现实生活中(特别是都市环境中),人除了被动地接受刺激以外(比如醒目的广告牌等),还常常主动寻求刺激(比如坐过山车和进行极限运动等)。

刺激是多方面的,如颜色、质感、光线、体验等。恰当的时机出现恰当的刺激不仅能吸引人们的注意力,加深印象,还能在脑海中形成较为鲜明的记忆。

图 2-11　都柏林圣三一学院图书馆和墨尔本 Birrarung Marr 中心公园景观空间

美国现代白色派建筑师理查德·迈耶(Richard Meier)设计的道格拉斯住宅空间(Douglas House),纯白色简洁的外形与周边的森林在颜色和质感上形成鲜明对比,建筑空间外观在视觉上给人以刺激感,让人过目难忘。道格拉斯住宅入口空间采用高空步道设计,架空步道的一边采用墙体作为栏板,而另一边采用具有视觉透视作用的栏杆,这让体验者感受到高空步行带来的刺激感。住宅室内空间中采用大量大面积的玻璃,在视线上实现了最大视野无阻碍,体验者感觉被森林和大海包围,开阔的视线和特别的周边环境让室内空间具有刺激感。住宅悬挑且镂空的楼梯和朝向大海的露台对体验者也形成相当强的刺激感。总体来说,道格拉斯住宅在给体验者的空间刺激感上无疑是成功的。道格拉斯住宅实景图如图 2-12 所示。

建筑空间外观　　　　　　　入口空间　　　　　　　室内空间　　　　　露台和楼梯空间

图 2-12　道格拉斯住宅实景图

有时候,设计师也会刻意反其道而行之——刻意避免刺激,让人保持平和的情绪。比如,在医院住院部的室内设计中,为了让病人能拥有平静的环境进行疗养,在空间设计时尽量避免太多刺激给病人身心带来不利的影响。设计师主要通过空间设计为医院内部营造出安静的环境:大众化的设计线条、协调的环境色彩、舒适且安全的材料质感、柔和的灯光……在非创造性的办公空间里,为确保办公人员工作时能集中精神,提高工作效率,设计师在空间设计时也会有意避免刺激。非刺激性空间如图 2-13 所示。

刺激可以加深人的记忆,让人印象深刻;但刺激太多,就会变为"常态",而减弱甚至失去原来的效果。设计师要在作品中合理、适量地运用刺激,以达到预期的设计效果。

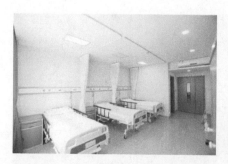

图 2-13 非刺激性空间

2.3.4 标识性要求

在现实生活中,我们都在寻求一种自我标识来表示出自己的与众不同。比如说,我们每天在出门之前都会精心装扮一番,力求在妆容、服饰上给人留下"专属"的印象,强调个人的存在感。土著居民与现代人的自我标识如图 2-14 所示。

图 2-14 土著居民与现代人的自我标识

空间的标识性则标识出了空间的功能属性、风格等特征。标识性要求必须具有大众的可识别性,例如,在教堂建筑空间里,设计师通常会通过设置"十字架"来标识教堂建筑的功能属性。物体的标识性会造就人的惯性思维。因此,人们一旦看见有十字架符号的建筑,便会自觉地认为该空间可能会与宗教有关。作为现代主义时期的代表作品,朗香教堂(La Chapelle de Ronchamp)具有"十字"标识,其空间外形和内部空间也给人留下了深刻印象。朗香教堂(见图 2-15)整体建筑标识感强烈。

图 2-15 法国朗香教堂

一个成功的设计作品,还可以突出地方的标识性,成为一个城市甚至一个国家的标志。在西班牙一个普通城市毕尔巴鄂市(Bilbao),当代著名解构主义建筑大师弗兰克·盖里(Frank Gehry)设计了让人印象深刻的建筑空间——古根海姆博物馆(Guggenheim Museum)。该博物馆凭借其独树一帜的外形和熠熠生辉的金属质感让毕尔巴鄂市在极短的时间内成为世界有名的旅游城市。古根海姆博物馆实景如图 2-16 所示。

图 2-16　古根海姆博物馆实景

设计师希望自己的作品能让人印象深刻,所以创建出的空间具有一定的标识性。当代著名女建筑师扎哈·哈迪德(Zaha Hadid)的建筑空间作品具有非常强烈的个人风格。线条在她的作品里变得飞扬潇洒,同时又具有如同生长般张扬的力度。设计风格的个性表明了空间设计者的个人标识性。扎哈·哈迪德设计的中国广州大剧院建筑空间如图 2-17 所示。

图 2-17　扎哈·哈迪德设计的中国广州大剧院建筑空间

2.4
空间中的人机工程学

要营建适合人使用的空间,就必须深刻理解作为空间主要使用者的"人"的基本知识:人体、人的动作、人的行为等基本信息——这也是人机工程学研究的主要内容。人机工程学通过研究人、机器及环境三者间的关系,提高工作效率及安全、健康、舒适等方面的特性。人机工程学涉及心理学、生理学、医学、人体测量学、美学、设计学和工程技术等多个领域。正如柯布西耶在他的著作《模度 2》里所说:对问题根源的调整,将改变一切,将开启思想的大门,使想象自由流淌。

2.4.1　人体尺寸

对人体构造和尺寸的研究是人机工程学的基础,也是进行空间设计的前提。

在文艺复兴时期,通过人体解剖,对人的身体构造有了比较科学的认知。意大利巨匠达·芬奇(Leonardo da Vinci)的人体解剖手稿展示出了当时的研究成果,如图 2-18 所示。

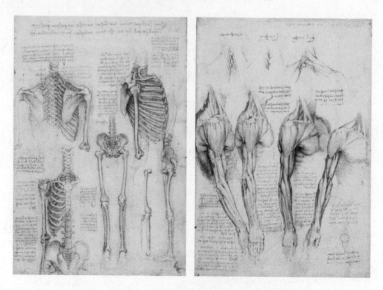

图 2-18　达·芬奇人体骨骼和肌肉研究手稿

现代医学研究证明,人体的运动系统由骨骼、肌肉、关节和韧带共同组成。人的骨头共有 206 块,占体重的 60%,骨骼是人体的支架。人的肌肉共有 639 块,占总体重的 40%。有了肌肉的伸缩和拉扯,人才有了运动的基础条件。关节和韧带是人体杠杆的重要连接方式,有了关节和韧带,人体才能自由活动。人的骨骼示意图如图 2-19 所示。

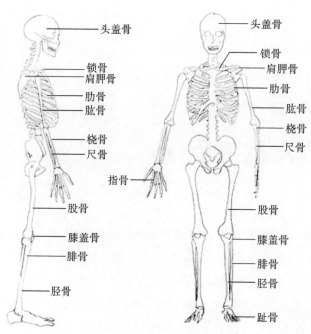

图 2-19　人的骨骼示意图

资料显示,最早对人体进行测量和研究是在古罗马时期。达·芬奇的名作《维特鲁威人》展示了这个时期对人体相关研究的成果。《维特鲁威人》不仅对人体的某个单独动作进行了研究,还对人体的多个基本动作进行了研究,并试图寻找出人体动作与人体尺寸之间的某种关联和尺寸的规律。达·芬奇与他的《维特鲁威人》如图 2-20 所示。

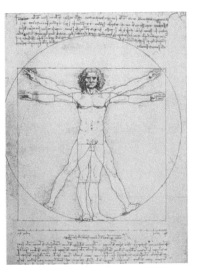

图 2-20　达·芬奇与他的《维特鲁威人》

在建筑设计、环境设计、室内设计等与空间设计相关的专业中,人体测量学是进行尺寸设计、功能设计的基本依据。人类的不断进化,再加上种族、性别、年龄、环境等因素的影响,使得人体测量学既是一门古老的学问,同时也是一门需要不断完善的新学科。

对人体测量的研究大致可以从以下几个部分进行:对人体构造尺寸的研究、对人体功能尺寸的研究、对人体重量的研究和对人体推拉力的研究。对人体相关尺寸的了解和把握,有利于设计师设计出更为实用和舒适的空间尺寸。人体测量示意图如图 2-21 所示。

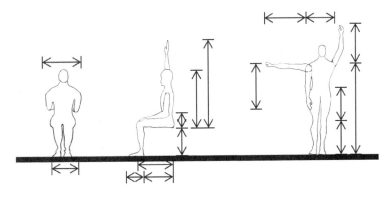

图 2-21　人体测量示意图

2.4.2　人的动作

人在空间中会进行动作。对人在空间中的动作进行测量和研究是必要的。

按照人在日常生活中的情景,可以把人的动作分为静态姿势和动态动作两大类。

根据观察,人的静态姿势有蹲姿、站姿和坐姿。人的日常动作有站立时动作、下蹲时动作与直立行走。在进行空间设计时,需要测量并掌握这些人体基本尺寸数据。

人的蹲姿尺寸:人在舒服的范围内,保持下蹲姿势时,测量所得的尺寸。蹲姿主要出现在下蹲拿取物品时。

人的站姿尺寸:人在舒服的范围内,保持站立姿势时,测量所得的尺寸。站姿主要出现在站立交谈、观察或者拿取物品时。

人的坐姿尺寸:人在舒服的范围内,保持坐姿时,测量所得的尺寸。坐姿主要出现在工作、学习、交谈或者进餐时。

人的动态动作有行走、奔跑、跳跃。

人的行走尺寸:人在自由的前提下走动时测量所得的尺寸。行走的尺寸一般用"步距"来表示。人的正常步距一般为0.7米。步距是空间设计时人动态动作尺寸的主要参考依据。

人的奔跑尺寸:人在自由的前提下奔跑时测量所得的尺寸。人的奔跑尺寸根据人的身高、性别、习惯、运动性能等有所差异。

人的跳跃尺寸:人在自由的前提下跳跃时测量所得的尺寸。跳跃的尺寸一般用"跳跃高度"来表示。人的跳跃尺寸根据人的身高、性别、习惯、运动性能等有所差异。

人在空间中的常规动作示意图如图2-22所示。

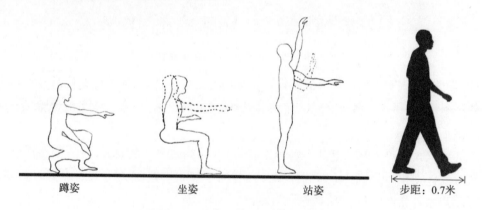

图 2-22　人在空间中的常规动作示意图

2.4.3　人的行为

人的行为基础来自于人体动作,但人的行为并非仅仅受限于人体动作,人的心理对人的行为影响非常大。根据人在不同情况和环境中出现的行为,设计师设计出符合要求的空间。当人身处不同的空间环境中时,又会产生与之相适应的行为。人的行为决定了空间,空间又反过来影响人的行为。行为与空间关系分析示意图如图2-23所示。

图 2-23　行为与空间关系分析示意图

在自助就餐环境中,人自觉拿取食物、寻找座位并坐下就餐。在整个进餐期间,人可能会多次离开座位拿取食物。座位与自助餐餐台之间的便捷、通道的宽敞、美食的既视感,在自助餐厅的设计中显得尤为重要。而在非自助餐厅里,人们就座、点餐,并静待食物上桌。在整个进餐期间,人基本不会离开餐桌。人们享受饮食、同伴、服务和环境带来的舒适、愉悦的用餐体验。不同餐厅空间行为如图 2-24 所示。

图 2-24　不同餐厅空间行为

 2.5

空间中的视野

2.5.1　眼球

眼睛是人感知外部环境(空间)的重要器官。据统计,人大脑所接收的信息中有大约 80% 来自于视觉。眼睛能收集环境的形状、颜色、运动、质感、光线的强弱等,并把这些信息传至人的大脑,形成人脑对空间的感知。人的眼球示意图如图 2-25 所示。

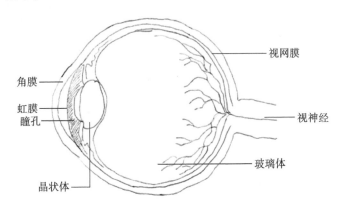

图 2-25　人的眼球示意图

2.5.2　视平线

眼睛所提供的信息对于人认识周边环境是极其重要的。对于人视线方向和视线范围（视野）的研究将有利于创建更为适宜和精彩的空间。当视线直视前方时，眼睛的视线高度线称为视平线。视平线的高度与人眼睛所处的高度有直接关系：当人处于坐姿或者站姿时，人的眼睛距离地面的高度不同，人的视平线高度也是不同的。

以中国人的平均身高数值作为参考，可以知道人在正常站立状态下目视前方时的视平线参考值。成年人的视平线参考值：女性为 1500～1550 mm；男性为 1600～1650 mm；儿童（能独立行走的小孩）的视平线参考值为 800 mm 及以上。视平线高度（成年人和小孩）示意图如图 2-26 所示。

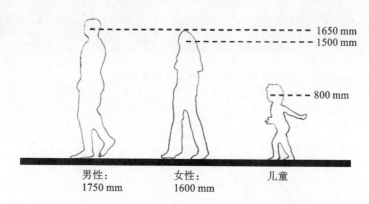

图 2-26　视平线高度（成年人和儿童）示意图

2.5.3　视野范围

当人的视线固定不动时，眼睛看到的范围称为视野。视野分为中心视野与次要视野（余光）。垂直视野的中心视野在视平线上下各 30°，水平视野的中心视野在视平线左右各 30°。正常人视野范围示意图如图 2-27 所示。

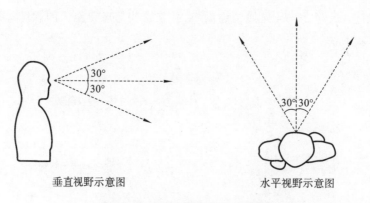

图 2-27　正常人视野范围示意图

按照人的视觉习惯，一般来讲，物体离人的眼睛越近，越能够把物体的细节看清楚；物体离人的眼睛越远，越能够把物体的整体形象看清楚。科学地运用这些知识，将有助于设计师营建出符合人要求的空间。

2.5.4　空间中的视野设计

人的视野对空间设计的影响是巨大的。视野是空间设计的主要参考依据。一直以来,设计师运用视线相关知识,对空间进行分析和设计的案例屡见不鲜。

在进行意大利佛罗伦萨大教堂(Basilica di Santa Maria del Fiore)前广场空间设计时,设计师设定人站在大教堂的位置,并根据这个位置绘制了人的主要视野参考线,在这个视野参考线范围之内划定了空间设计范围、空间位置、空间大小、高度及造型。经过仔细研究之后,设计师完成了该空间设计,如图 2-28 和图 2-29所示。

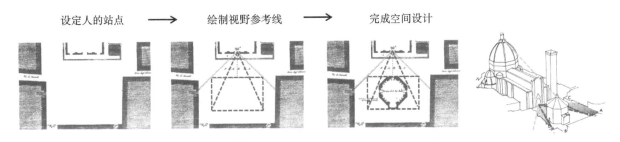

设定人的站点　　　绘制视野参考线　　　完成空间设计

图 2-28　佛罗伦萨大教堂前广场空间设计分析图

图 2-29　佛罗伦萨大教堂前广场空间实景图

综合案例分析

在中外诸多成功空间设计案例中,设计师对于人体及人视线范围的把握和科学运用随处可见。

案例 1:柯布西耶的理想人居空间

建筑大师勒·柯布西耶的作品反映了现代机器文明的理性之美,强调几何秩序的建筑之美。柯布西耶认为:绘画中的方形、弧线、比例关系、空间与色彩,完全可以翻译为建筑的平、立、剖面图,实现绘画到建筑的转化。点、线、面的运用,各种空间形状的造型,让空间设计具有了更多的可能性和趣味性。他还严谨地研究了人体尺寸、动作、行为与空间的关系,建立了柯布西耶人体尺寸标准,并出版了《模度》一书。在书中,柯布西耶设定了一个身高为 1.83 米的"标准"人,并以此为基础,详细论证了人体尺寸与空间的关系。柯布西耶认为:人体是最和谐的,人体是衡量一切的基本尺度。柯布西耶的人体尺寸研究如图 2-30 所示。

柯布西耶不仅计算出人体模度,还对此进行了设计实践,并亲自对研究成果进行了空间体验。柯布西耶在设定人只考虑自身,不考虑未来的背景下,根据《模度》书中"标准"人身高计算出了人对生活空间尺寸的基本需求:3.66 米×3.66 米,13.39 平方米。为验证这个研究结果,柯布西耶把理想居住空间设计并建造了出来,被称为"柯布西耶的小木屋",如图 2-31 至图 2-33 所示。

图 2-30　柯布西耶的人体尺寸研究

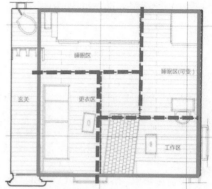

图 2-31　小木屋空间设计平面草图

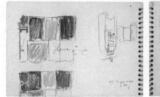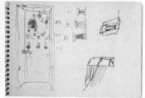

图 2-32　小木屋空间设计手绘草图（AC 建筑创作）

图 2-33　小木屋空间内部（AC 建筑创作）

　　理想居住空间里除了没有设置厨房，其他生活功能一应满足，红色帘子后边是卫生间。柯布西耶亲身在该空间里进行了居住，其体验效果让他自己非常满意（见图 2-34）。他在这个理想居住空间中度过了人生的最后一晚。

图 2-34　柯布西耶在理想居住空间里（AC 建筑创作）

案例 2：埃及博物馆会展空间设计

在进行埃及博物馆的会展室内空间设计时，设计师 Metaphor 充分运用人体尺寸以及人在空间中的动作及行为的知识，通过分析在不同姿势下人的视平线和视野范围，设计出了科学的室内空间层次。

Metaphor 根据人的心理和行为要求分析出空间体验者在博物馆空间中有站姿和坐姿两种基本姿势。根据对人站姿和坐姿的视平线与视野范围进行的分析，设计师得出了空间中展示物品较为科学的高矮范围。埃及博物馆空间中人姿势设定与视野范围关联分析图如图 2-35 所示。

图 2-35　埃及博物馆空间中人姿势设定与视野范围关联分析图

在进行人姿势设定与视野范围关联分析之后，设计师再次运用人的视线远近与物体大小之间的关系，对博物馆空间中的展示物品进行了位置的准确摆放，营建出了既富有层次又符合参观者空间体验要求的博物馆室内设计方案。埃及博物馆空间中人的视线远近与展示物大小关联分析图如图 2-36 所示。

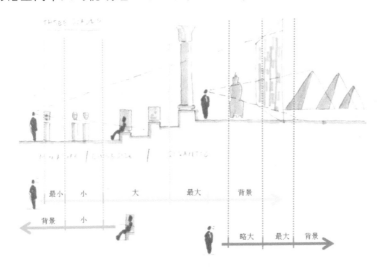

图 2-36　埃及博物馆空间中人的视线远近与展示物大小关联分析图

实训环节：

请认真观察人体基本动作（静态和动态），并对选定对象进行测量和记录，在之后的空间设计中试着去运用它们。

第3章

空间的设计元素

KONGJIAN DE SHEJI YUANSU

3.1

点、线、面与空间

3.1.1 点、线、面

对空间设计的基础理解,还得回到构成的基础上来讲,即点、线、面。

点是物质存在的基础。点的运动形成线。点与线是面形成的基础元素。面的运动产生了体。开拓思维之后会发现,面可以是点组成的,也可以是线组成的。点、线、面是构成设计的基础,如图 3-1 所示。运动轨迹如图 3-2所示。

图 3-1 点、线、面是构成设计的基础

点的运动轨迹=线   线的运动轨迹=面   面的运动轨迹=体

图 3-2 运动轨迹

3.1.2 空间设计中的点、线、面

1. 点、线、面的空间

设计师常把点、线、面直接运用在空间设计中。在下面的案例中,把一颗小石头视作点,把这些点进行堆叠,形成了空间;运用直线或者曲线营造出了个性的空间;运用直面和曲面围合,形成了教堂空间。点、线、面空间示意图如图 3-3 至图 3-5 所示。

日本设计师藤本壮介(Sou Fujimoto)在 2013 年完成了蛇形画廊(Serpentine Gallery)空间设计(见图 3-6)。画廊空间是一个典型的线空间。空间体验者在一个视觉上只有线的空间里或走或停留,或登高站立或坐下聊天,有了全新的空间认知和超乎平常的空间体验。

图3-3　点空间示意图

图3-4　线空间示意图

图3-5　面空间示意图

图3-6　蛇形画廊的线空间

2．点线面在空间设计中的转换

在空间设计中，点还可以理解为类似柱子等的物体，线还可以理解为类似于墙体的物体，面还可以理解为地面的升降或者界限。

开拓思维之后发现，在空间中，点、线、面是可以依据空间体验者的观察角度而相互转换的。在平面俯视图上的点，可以转换为立面图中的线。平面图中的线，可以转换为立面图中的面。三个构成要素之间的相互转换,也正好体现出了空间的四维特性。空间平面图与空间轴测图中点、线、面的转换示意图如图 3-7 所示。

图 3-7 空间平面图与空间轴测图中点、线、面的转换示意图

在下面的案例中,对柯布西耶的萨伏伊别墅(The Villa Savoye)一层建筑空间进行了分析与比对。从萨伏伊别墅平面图中,可以看见,柯布西耶在空间平面设计阶段,运用了点、直线、曲线、方形的面和异形的面。在空间轴测图中,平面图中的点变为了空间中的线(柱子),平面图中的线变为了空间中的面(墙体),平面图中的面变为了空间中的面(底面)。萨伏伊别墅点线面的转换案例分析图如图 3-8 所示。

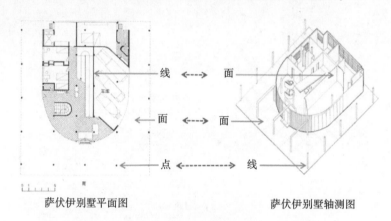

图 3-8 萨伏伊别墅点、线、面的转换案例分析图

伯纳德·屈米(Bernard Tschumi)设计的拉维莱特公园(Parc de La Villette)采用了单纯的点、线、面完成了空间构成设计。屈米空间构成手法的纯粹和对红色的喜爱,被认为具有很强的设计概念性和个人标识性。拉维莱特公园在平面布局上采用几何学的网格形式,下面分析图中呈矩阵出现的红色点为公园极具个性化的空间构成设计作品。拉维莱特公园空间构成设计作品分布分析示意图如图 3-9 所示。拉维莱特公园空间构成作品如图 3-10 所示。

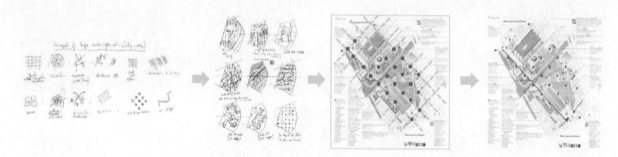

图 3-9 拉维莱特公园空间构成设计作品分布分析示意图

在空间设计中,重复、相似、渐变是常用的设计手法。重复设计方法的运用,可以加深体验者对空间中某种符号的印象,增强空间设计的单纯性和个性感。相似方法在空间设计中运用,可以让空间在具有单纯性的同时,又具有一定的变化性。渐变设计方法则可以让空间在具有统一感的同时又具有变化的生命力和趣味性。

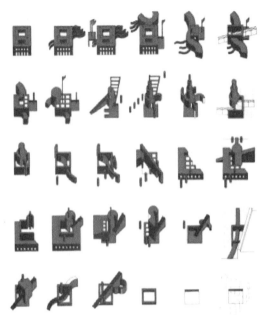

图 3-10　拉维莱特公园空间构成作品

重复、相似、渐变既可以单独采用,也可综合采用,其特点是使空间呈现出统一性和协调感。

　　西班牙私人酿酒品酒的贝尔略克酒庄(Bell-Lloc Winery)是拉斐尔·阿兰达(Rafael Aranda)、卡莫·皮格姆(Carme Pigem)和拉蒙·比拉尔塔(Ramon Vilalta)三位建筑师合作完成的项目。在这个建筑空间中,运用了大量重复、相似、渐变的立体构成设计手法。基础设计线型为直线、折线,采用"片面"化表达方式(耐候钢板),最终形成了既静逸又充满原始力度感的空间气质,很好地展示出了酒庄的文化和气氛。线是这三位空间设计师偏爱的设计元素,他们对线的独到理解和运用使不同的线形成了空间不同的个性。贝尔略克酒庄空间设计分析和空间实景如图 3-11 和图 3-12 所示。

图 3-11　贝尔略克酒庄空间设计分析

图 3-12　贝尔略克酒庄空间实景

3.2

形状与空间

在设计中,可以把空间的形态理解为与水类似:如果把空间装进一个方形的建筑(容器)里,空间的形状就是方形的;把空间装进一个圆形的建筑里,空间的形状就是圆形的。不同形态的空间,带给人不同的心理感受。总体来说,空间切面的基本形状有正方形、长方形、圆形、三角形和异形。

1. 正方形空间

正方形空间(见图 3-13)指的是:空间四方直角围合,形态方正,各边长度相同。空间切面呈正方形。正方形空间让人感觉具有恒久的稳定性。空间对方向(东、西、南、北)没有特定的指向性。

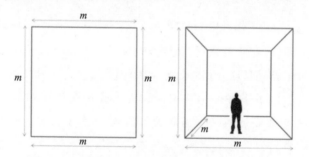

图 3-13 正方形空间示意图

北京地坛(见图 3-14)是封建社会时期祭祀"大地"的场所,始建于明朝嘉靖九年,总面积约 37.4 公顷。地坛与天坛相对应,符合中国传统"天圆地方"的世界观,它是最为典型的正方形空间。地坛空间平面为正方形,各个边长度相等,代表了四方的平衡。祭坛有两层,每层设置 8 级台阶,下层高度为 1.25 米,边长为 35 米;上层高度为 1.28 米,边长为 20.35 米。坛面上有象征六八阴数的墁石铺地,下层有祭祀时安放五岳、五镇、四海、四渎神位用的四个石座。地坛上的墁石为黄色,有"天青地黄"的意思。在整个地坛空间里,对正方形进行了多次运用和强调,呈现出方正和平稳的气质,非常符合祭祀场所的气氛和象征意义要求。

图 3-14 北京地坛

2. 长方形空间

长方形空间(见图3-15)指的是:空间四方直角围合,形态方正,但空间边长不一致,有长短之分。空间切面呈长方形。长方形空间具有稳定感,但由于空间单边长度有长短差异,使得空间在长边方向具有一定指向性和引导性。建筑空间最为常见的就是长方形空间,比如居住建筑空间、教室空间等。

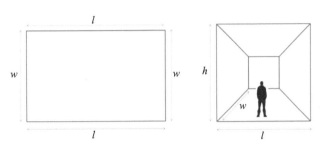

图3-15　长方形空间示意图

北京紫禁城总平面呈长方形,为"坐北朝南"的空间朝向,这表明了"坐北朝南,殿宇接天"和"皇权天授"的寓意。中国传统民居聚落的巷道进深远远大于其宽度,具有很强的空间指向性和引导性。营建者运用长方形空间的导向性指引着空间体验者的方向。中国宫殿紫禁城与民居巷道空间如图3-16所示。

图3-16　中国宫殿紫禁城与民居巷道空间

荷兰Superlofts共享社区公寓无论从建筑空间外形还是内部空间造型上都属于方形空间(见图3-17)。方形空间有利于空间的组合、家具的摆放等,是现代空间设计中使用率最高也是最为高效的空间形状。

图3-17　荷兰Superlofts共享社区公寓方形空间

3. 三角形空间

三角形空间(见图3-18)指的是:空间切面呈三角形。三角形空间具有向上的提升感和顶端聚合感。三角形空间早在人类社会早期便已经出现,如金字塔等。

由华裔建筑师贝聿铭设计的法国巴黎卢浮宫扩建工程(见图3-19)的主体空间隐藏于地底下。它的入口空

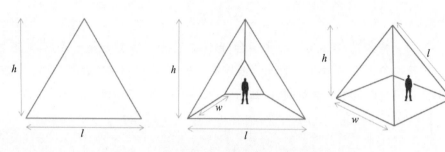

图 3-18　三角形空间示意图

间采用了玻璃钢架结构的三角形空间样式,被称为"玻璃金字塔"。玻璃金字塔位于卢浮宫广场的中间位置,具有空间聚合的作用。

图 3-19　法国卢浮宫扩建工程及空间形状分析

4.圆形空间

　　圆形空间(见图 3-20)指的是:空间切面为圆形。空间的中心点距离边界尺寸相同。圆形空间本身具有向外的膨胀感,但如果在设计时对圆心进行强调,则该空间具有向心性。

　　北京圜丘(见图 3-21)为天坛的组成部分,始建于明朝嘉靖九年(1530 年),方位坐北朝南。圜丘是中国古代帝王祭祀上天的场所(又称"祭天坛"),与地坛遥相呼应。圜丘坛分为三层,每层四面都各有九级台阶。每层周围都设有精雕汉白玉石栏杆,栏杆数量为九或者九的倍数。圜丘坛各层地面铺设的是扇面形石板,数量同样是九或九的倍数。对数字九的运用,表达出空间设计者的精妙设计思维:其一,"九"代表"九五之尊"的意思,是皇帝的专用数字;其二,在传统文化中,天为阳,地为阴,奇数为阳数,偶数为阴数,"九"为阳数之极。用"九"为基础数字,设计出的空间无疑展示出了设计者精确的数字计算能力。

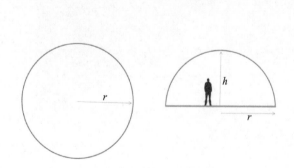

图 3-20　圆形空间示意图

图 3-21　北京圜丘

　　中国北京的国家大剧院(见图 3-22)是现代圆形空间的代表。国家大剧院外观呈半椭球形,内部采用曲线设计,内部与外部视觉观感协调。剧院内部空间给人以扩张感和包容感。

图 3-22　中国国家大剧院

5. 异形空间

异形空间指的是：空间切面为除了方形、三角形、圆形以外的其他形状。异形空间具有较强的造型感，常被用于营建特殊的功能效果或者视觉效果。

古巴比伦时期，人们敬仰天地日月。古巴比伦的祭祀建筑 Ziggurat 外形为梯形并逐级抬高。梯形的建筑样式可以让 Ziggurat 基础稳固，便于高度的提升。逐级抬高的方式可以让人们更加接近日月，感受大自然的力量。Ziggurat 的梯形空间在视觉上具有坚实感和往上的提升感，如图 3-23 所示。

图 3-23　古巴比伦祭祀建筑 Ziggurat 及空间形状分析

古希腊的古剧场形状为倒圆锥形（见图 3-24），主要用于营建良好的观看视角和听觉效果。当演员在圆锥底部进行表演的时候，具有高低层级的空间让观众在观看席上可以无遮挡地看见整个舞台；倒圆锥形则可以让舞台上的声音被均匀地扩散出来，效果类似于喇叭形状的扩音器。古剧场的设计科学合理，是现代表演类空间设计的先驱。

图 3-24　古希腊剧场及空间形状分析

以色列犹太大屠杀纪念馆空间设计（见图 3-25）中采用喇叭形空间形状。喇叭倒扣在空间的上方，里边贴满被害犹太人生前的照片。体验者在这样的空间中，头顶不仅被照片所笼罩，喇叭形空间还带给人无限的延伸感，让人产生视觉上和心理上的震撼感。

在西班牙阿利坎特有一个被称为"蝉"的空间（见图 3-26），具有特异造型。该空间采用"线"为设计基础元

图 3-25　以色列犹太大屠杀纪念馆空间设计

素,运用扭曲、编织等手法,营造出一个近似"蝉蛹"的空间肌理质感。

特异的空间形状较多,在此不能尽述。

图 3-26　"蝉"空间

3.3

尺寸与空间

3.3.1　尺寸

尺寸指的是用特定长度或角度单位表示的数值。尺寸是一个客观的既定数值,它不会随着外围环境的改变而产生变化,比如人的身高尺寸、人的手臂尺寸等。

3.3.2　个体人在空间中的尺寸

当空间中长度、宽度、高度的尺寸不同时,可给人带来不同的感受。

当空间的高度一定,只在空间宽度上有区别时:空间越小,给人的包裹感越强,当宽度越接近人的肩宽时,人的局促感会越强;空间越大,给人的宽松感越强,当宽度无限加大时,人的安全感逐渐减弱。横向尺寸变化对比空间分析示意图如图 3-27 所示。

当空间宽度一定,只在空间高度上有区别时:空间高度越低,对人的限制度越低,空间对人的包裹感也越弱;空间高度越高,对个人的限制度越强,人的下沉感越明显。纵向尺寸变化对比空间分析示意图如图 3-28

所示。

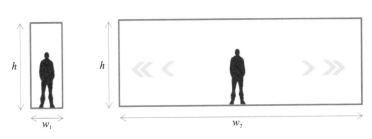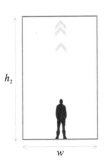

图 3-27 横向尺寸变化对比空间分析示意图　　　　图 3-28 纵向尺寸变化对比空间分析示意图

经过人们对空间尺寸的探索和实践,对空间尺寸与人的关系有了进一步的认识。比如,日常生活中,在卧室室内空间尺寸设计时,人们认为过高的空间尺寸会让人因失去安全感而无法舒心安眠,过低的空间尺寸则会影响人的动作和行为,对人的生活造成不便。因此,在我国的建筑设计规范中,对卧室空间高度的要求是一般在 2.8 米左右(根据中国人的平均身高制订)。卧室空间最低不能低于 2.4 米,最高最好不高于 3.3 米。

3.3.3　人与人在空间中的尺寸

人是社会性的动物。人与人的接触和交流,在空间上反映出来的就是空间中人与人的距离尺寸设计。人其实具有与动物一样与生俱来的领域感。"领域"对人来说就是指空间的范围。可以把人的"领域"理解为一个如泡泡般透明的包裹体,这个"泡泡"可被称为"个人空间泡"。个人空间泡示意图如图 3-29 所示。

这个"领域"是可以根据人对目标物的亲近感认定而进行自我调节的。不同的场合和不同的对象,都会影响人对空间距离的认定,个人空间泡便会随之进行"自我调节"(见图 3-30):越是亲近的人,"个人空间泡"就越小,直至消失;越是陌生的人,"个人空间泡"就越大,直至无限。

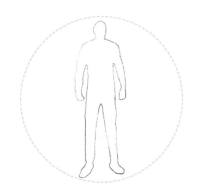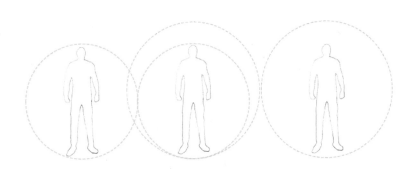

图 3-29 个人空间泡　　　　　　图 3-30 个人空间泡的自我调节

根据以往学者的实践和研究,人与人在空间之中的接触可以有以下几种距离尺寸的认定,即亲密距离、个人距离、社交距离和公共距离。

1. 亲密距离

亲密距离适合于彼此特别亲近的人,如家人、密友等。空间中的亲密距离认定为 0~0.5 米。

2. 个人距离

个人距离适合于彼此认识,但交往不太密切的人,如一般朋友、同事等。空间中的个人距离认定为 0.5~

1.2米。

3．社交距离

社交距离适合于初次见面的人或者陌生人。空间中的社交距离认定为1.2～4米。

4．公共距离

公共距离适合于彼此不会产生直接交往的人,如演讲者与观众等。空间中的公共距离认定为大于4米。
人与人的空间距离认定示意图如图3-31所示。

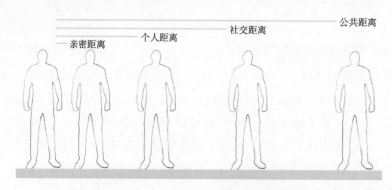

图 3-31　人与人的空间距离认定示意图

个人空间泡虽然是一个假想中的区域空间,但它有助于我们理解人与人之间的距离认定,把握空间设计的
尺寸。

3.4

光与空间

贝聿铭先生曾经说过:"我深深相信,光线正是一座建筑(空间)成功与否的关键。"

3.4.1　什么是光

什么是光? 光是电磁波。有了光,世界才有了光明与黑暗,才有了正义与邪恶,才有了真实与幻想。光是
人们对客观世界视觉感受的前提。光在自然界由光波产生。光波范围很广,人能看见的光波只是其中很小的
一个范围,称为"可见光"。人眼看不见但又客观存在的光波,称为"不可见光",如红外线光、紫外线光等。光谱
示意图如图3-32所示。

从光的来源上来讲,光可以分为自然光和人造光。

自然光的照射强度、照射角度、光线颜色和阴影等都在分秒不断的改变中,具有不可操控和不可复制的特
点。人造光的照射强度、照射角度、光线颜色和阴影都是可以进行控制的,具有可操控和可复制的特点。自然
光与人造光如图3-33所示。

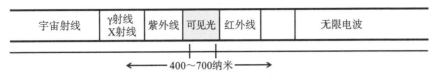

| 宇宙射线 | γ射线
X射线 | 紫外线 | 可见光 | 红外线 | | 无限电波 |

400～700纳米

图 3-32　光谱示意图

图 3-33　自然光与人造光

光的设计手法常见的有折射、反射和过滤。

光的折射是指光通过某种介质时,传播方向发生了改变。在空间设计中,玻璃砖的运用就是很好的例子。光学玻璃住宅(Optical Glass House)空间是日本建筑师 Hiroshi Nakamura 设计建造的。他用一面美丽的光学玻璃墙保护了住户的隐私,同时还为这个居住空间营造出安静美好的氛围。这面由 6000 块纯玻璃块组成的墙由工匠精心打造,每块玻璃立体为 50 毫米×235 毫米×50 毫米。光线透过玻璃砖完成了折射,模糊了外界看望内部的视线,柔化了太阳光,让人有了独特的空间体验。Optical Glass House 空间外观及内部如图 3-34所示。

图 3-34　Optical Glass House 空间外观及内部

光的反射在空间设计中更为常见。光的反射指的是光波在介质表面发生光线传播方向改变的现象。日常术语所说的"漫反射"就是这种类型。漫反射可以加强空间的轮廓和立体感。在图 3-35 所示的案例中,空间的左侧充分利用自然光线的反射,让楼梯空间光线自上而下均匀分布,视觉感柔和;空间的右侧采用人工光线的反射,光线的反射被控制和加强了,视觉观感上具有更强的装饰性。

光的过滤,指的是光的强度、颜色等被某种物质进行分离后的结果。哥特教堂的彩色玻璃窗户就是运用了自然光过滤的设计手法。潘通(PANTONE)色彩玻璃门如图 3-36 所示。自然光线通过彩色玻璃完成了色彩的过滤,为空间带来了缤纷的色彩盛宴。

自然光的漫反射 | 人工光的漫反射

图 3-35 某空间设计

图 3-36 潘通(PANTONE)色彩玻璃门

3.4.2 光色

光色即光的颜色。不同的光谱,在人的视觉中会产生出不同的颜色。光的颜色能够影响空间的颜色。可见光显色谱如图 3-37 所示。

紫 蓝 绿 黄 橙 红

400纳米　　500纳米　　600纳米　　700纳米

图 3-37 可见光显色谱

在布加勒斯特的一个公寓空间中,设计师把居住空间的基本色确定为白色(白色有利于其他颜色的显色)。设计师通过采用对人工光色进行控制的方法,让同一个空间在不同的光色的渲染下呈现出完全不同的面貌,从而加大了空间的新颖感和刺激感,也增大了体验者的空间感受量。公寓空间光色设计如图 3-38 所示。

现代主义建筑大师勒·柯布西耶(Le Corbusier)于1955年设计完成了著名的朗香教堂(Chapelle de Ronchamp)空间。教堂窗户采用彩色玻璃对自然光线进行了颜色的过滤。过滤之后的光色,影响了刷白墙体的固有色,不仅让空间有了

图 3-38 公寓空间光色设计

色彩装饰感,还让光似乎可以被触摸到,给人们带来全新的空间感受。朗香教堂内部空间给人留下五彩缤纷、不可思议却又神秘莫测的空间印象。朗香教堂空间光色设计如图 3-39 所示。

图 3-39　朗香教堂空间光色设计

3.4.3　光影

有光就有影,光影一体,不可分割。光影让物体有了视觉上的体积感和立体感,空间感便随之产生了。光、影与空间如图 3-40 所示。

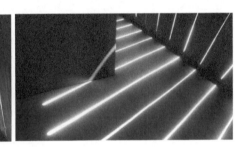

图 3-40　光、影与空间

光影不仅在视觉上印证了空间,同时也赋予空间以魅力。日本建筑师安藤忠雄在 1989 年设计的"光之教堂"(Church of Light),就是在清水混凝土的建筑外墙上直接设计了"十"字造型的开口。教堂在空间设计上具有很强的构成感:硬朗的直线型空间,具有力度感的斜线穿插等。安藤忠雄充分利用自然光线的照射和阴影,在教堂内形成了坚定、严肃、神圣的空间氛围。"光之教堂"光影设计如图 3-41 所示。

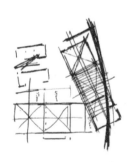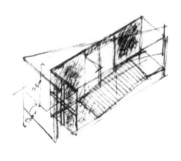

图 3-41　"光之教堂"光影设计

3.5

色彩与空间

3.5.1 色彩的基础

如果说黑白让人辨明是非,那么色彩则让人感受生活。色彩是空间设计中最为生动、活跃的设计元素。有了光,人看见了世界的色彩。色彩往往形成了人对空间的第一印象。色彩具有很强的表现力,它可以直接、深刻地刺激人的视觉和大脑。随着人们对光线与色彩研究的不断深入,空间设计师在进行色彩搭配设计时通常会借助色相环或者色卡的帮助来完成方案的配色。色相环是根据光谱在自然界中出现的顺序排列出来的圆形色彩参考环。常见的色相环有12色相环、24色相环(见图3-42)等。

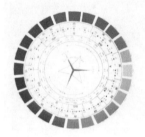

图 3-42 24 色相环

色卡把自然界中出现的颜色在某种材质上进行整理和再现,它是设计师进行色彩设计的基本工具。目前,在国际上比较通用的色卡为 Pantone 色卡(见图 3-43),它被广泛地运用于建筑设计、平面设计、涂料、印刷等行业。德国 RAL 色卡在国际上被使用,称为"欧标色卡";瑞典的 NCS 色卡是欧洲使用最广泛的色彩系统之一;中国也有自己的标准色卡,其中"中国建筑色卡"被广泛运用于国内建筑、室内空间色彩的设计。

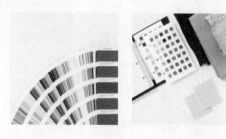

图 3-43 Pantone 色卡

不同的色彩,会给人留下不同的印象和心理感受,并形成丰富的联想(见图3-44),从而让空间具有了象征和寓意。比如:红色让人感觉温暖、热情、充满希望,同时也会给人警示和危险的隐喻;绿色具有生命力、希望等象征含义。总的来说,暖色给人"外凸"和膨胀感,冷色给人"内凹"和紧缩感。

图 3-44　色彩的联想

3.5.2　空间中的色彩

　　人类很早便开始使用颜色装饰空间了。在 1940 年发现的法国拉斯科洞穴空间中,远古人类绘制出了和生活息息相关的图案。这些图案多以打猎和祭祀场景为主。远古的人类采集植物和矿物制做出最为原生态的颜料。这些彩色图案装饰了整个洞穴空间,是已知最早的空间色彩设计。法国拉斯科洞穴空间彩绘如图 3-45 所示。

图 3-45　法国拉斯科洞穴空间彩绘

　　中国人早在原始社会时期,便已经有了室内色彩装饰的意识,他们不仅尝试利用矿物颜料和植物颜料涂抹在墙上,还对室内墙体进行刷白处理,以美化居住环境。中国原始社会建筑如图 3-46 所示。

　　在巴洛克时期,人们对于空间色彩的运用已经达到登峰造极的地步。凡尔赛宫殿内部空间色彩多采用金色,营造出辉煌、华丽和欢快的气氛。整个空间具有精致的二维装饰感。这也呼应了"巴洛克"风格的定义:一种歌颂盛世,炫耀财富的色彩与风格定位。凡尔赛宫殿内部色彩如图 3-47 所示。

图 3-46　中国原始社会建筑

　　中国传统建筑色彩搭配显示出了中国人对色彩、对空间的理解,也彰显出中国人的民族性格。中国封建社会时期对建筑色彩的运用管制十分严格,建筑色彩是建筑等级(社会等级)的划分标准。不同等级的建筑能运用的颜色有所不同。皇族和一般平民使用的建筑,在色彩上形成显著对比。

　　皇宫建筑等级高,建筑开间大,建筑物单体突出。为凸显华贵感,在建筑物能被太阳照射到的部分多以金色和红色为主,太阳照射不到的地方则多采用冷色调搭配。冷色和暖色形成强烈对比。从给观者的视觉映像上看,这种色彩搭配方式强化了整个建筑的空间感——被太阳照射的地方更为"凸出",阴暗的地方更为"凹

图 3-47　凡尔赛宫殿内部色彩

陷"。中国皇家建筑色彩如图 3-48 所示。

　　一般平民受等级制度约束,在建筑物规格及色彩上多有限制。民居建筑所使用的色彩多以瓦的青灰色和墙的粉白为主要颜色,搭配以木材、石材、砖等天然建筑材料的原色。民居建筑规制不高,建筑开间小,建筑物多以组合形式出现,呈现出高低错落、前后有致的视觉效果。建筑群丰富的组合形式搭配以清新、淡雅的建筑色彩,使整个空间气质就如一幅水墨山水画般的雅致。中国民居建筑色彩如图 3-49 所示。

冷色系

暖色系

图 3-48　中国皇家建筑色彩

青瓦

白墙

图 3-49　中国民居建筑色彩

　　中国传统的室内空间色彩设计与建筑外部色彩相似:等级越高,色彩越丰富;等级越低,色彩越清雅。中国宫殿和传统民居内部空间色彩对比图如图 3-50 所示。

图 3-50　中国宫殿和传统民居内部空间色彩对比图

　　在现代空间设计中,色彩设计也是必不可少的部分。精彩的色彩设计会为空间设计带来意想不到的效果,甚至成为整个空间的设计亮点。西班牙的 El Petit Comte 幼儿园就是其中的代表。幼儿园空间以直线为主,设计线型干净、利落,设计风格现代、简约。在色彩设计上,空间采用了渐变的色彩和具有透明感的质感,这让整个空间呈现出靓丽晶莹的视觉感。El Petit Comte 幼儿园的色彩空间在周边原生态环境的烘托下给人留下了深刻的印象,如图 3-51 所示。

图 3-51　El Petit Comte 幼儿园的空间色彩设计

3.6

质感与空间

3.6.1　触觉质感与视觉质感

人对质感的体会可以有两个渠道：一是依靠身体的触觉；二是依靠眼睛的视觉的判断。人依靠身体的触觉对外界物体进行感知，并把这些对物体的触感记录在大脑里，形成记忆。人利用这些体验感知记忆，通过视觉观察，便能初步形成对物体的触感判断。通过身体接触获得的触感，称为"身体触感"；通过视觉判断获得的触感，称为"视觉触感"。由触感形成了对物体质感的认知。不同的质感带给人的心理感受是不同的。触感的分类如图 3-52 所示。

图 3-52　触感的分类

3.6.2　质感对人的影响

空间质感的选用是室内设计中直接关系到使用体验和视觉效果的重要环节。对于材料质感的设计不仅要考虑到功能的需求,还要从满足人们的心理需求来入手。质感可以从"软与硬""粗与细"两个角度来理解和分析。

材质的软硬可以给人带来完全不同的感受和体验。柔软的材质让人感觉温柔、舒适,吸引着人们近距离触摸;坚硬的材质则让人感觉阳刚、硬朗。柔软的材质让空间有紧缩感和包裹感,坚硬的材质则具有扩大空间感的作用。软硬质感对比图如图 3-53 所示,软硬质感对人的影响(生理及心理)比对图如图 3-54 所示。

图 3-53　软硬质感对比图

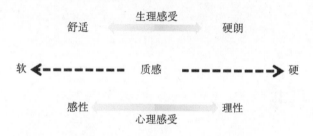

图 3-54　软硬质感对人的影响(生理及心理)比对图

粗糙的材质给人以凹凸不平的感觉,甚至还给人带来不安全感。细腻的材质则给人柔和、安全的感觉,吸引着人们去靠近、抚摸。粗细质感对比图如图 3-55 所示,粗细质感对人的影响比对图如图 3-56 所示。

图 3-55　粗细质感对比图

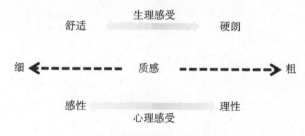

图 3-56　粗细质感对人的影响比对图

人们在不同的功能空间中,对材料质感的要求有没有差异呢? 在卧室空间设计中,如果从实用功能上讲,人需要完全放松与休息,材料质感设计不应该太过光滑和坚硬;从心理功能上讲,人在卧室里需要感觉温暖、柔软和安全。因此,卧室空间材质多采用具有柔软质感的材料,如织物、皮毛等。在办公室空间中,人应该尽量保持清醒的头脑,以保证高效的工作状态。因此,在办公室空间里应该以具有一定硬度和光滑度的质感为主,辅以少量让人放松和转换思维的其他质感。卧室空间与办公空间质感对比如图3-57所示。

图3-57　卧室空间与办公空间质感对比

3.6.3　空间中的质感层次

在对空间质感进行设计时,可以把质感分为5个(甚至更多)基础等级(等级越多,分析和设计就越细致,但在设计时也就越不容易把握)。软硬质感等级与材料比对图和粗细质感等级与材料比对图分别如图3-58和图3-59所示。

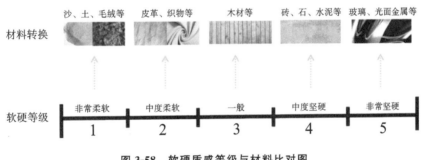

图3-58　软硬质感等级与材料比对图

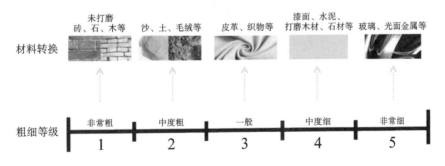

图3-59　粗细质感等级与材料比对图

法国的苏拉吉博物馆(Soulages Museum)在空间质感设计时,采用了耐候钢和玻璃两种材料进行搭配,在质感搭配上手法大胆,对比强烈,形成了鲜明、独特的空间个性。耐候钢材斑驳、不平、粗犷、坚硬与玻璃通透、光滑、坚硬、细腻的质感既有对比性也保持了和谐性。博物馆在质感设计上整体偏硬。"方条形的面"的重复设计手法,让空间从内至外具有统一、协调感。苏拉吉博物馆建筑空间外部及内部如图3-60所示。

方条形的面

图 3-60　苏拉吉博物馆建筑空间外部及内部

综 合 案 例 分 析

案例 1：千禧教堂（Jubilee Church）

现代白色派建筑师理查德·迈耶（Richard Meier）设计的罗马千禧教堂（Jubilee Church）充分利用"线"和"面"作为基本设计元素，两者融合，形成了丰富的空间构成。在迈耶的设计草图中，可以看出对空间构成的设计推敲。无论在平面设计阶段、立面设计阶段还是空间剖立面设计阶段，在满足空间构成设计之外，还能看出他在功能、路线、采光等方面的设计思考。设计草图和分析图是设计思维最直接的表现。千禧教堂的设计草图如图 3-61 所示（左为平面草图，右为主立面及剖面设计草图）。

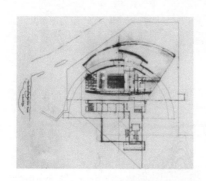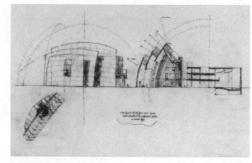

图 3-61　千禧教堂的设计草图

教堂外观呈片状的"面"使参观者印象深刻。立面限定要素以平面为主，曲面为设计亮点。为增强这一空间外观形象，也为满足教堂遮风避雨的基本功能要求，迈耶在界面材质设计中大量采用玻璃这一具有隐形特质的建筑材料。在教堂外部迈耶还设计了一大片静逸的水景，虽然没有实现，但可以想象出平静的水面就像镜子一般，将教堂倒影在水里，影影绰绰，这一设计无疑增加了教堂的灵动感和空间感。千禧教堂空间外观如图 3-62所示。

教堂内部延续"面"的空间印象，并辅以"线"的设计。主体空间顶部采用了大面积的玻璃，这一设计手法在增强了教堂内部个性化印象的同时，也保证了室内空间的采光。顶部的自然光线通过"线"状的玻璃窗框，在白色的室内立面留下细腻且具有动感的光影，让教堂顿时增添了时光的流动感。千禧教堂空间内部如图 3-63所示。

在空间色彩设计上，教堂外观通体纯白，整体感极强。教堂室内空间的基本色调仍为白色，暖色木质材料的运用，使教堂色彩感明晰，对比强烈。让身处于教堂内部空间的体验者感受到温暖、轻盈、纯洁的气氛。

在空间材料与质感设计上，光滑且具有硬度感的基础质感，传递出干净、利落、坚强的气质。在人易于接触的部分使用了打磨光滑的木质材料，这让教堂增添了些平易近人的舒适感和放松感。千禧教堂空间软硬质感

图 3-62　千禧教堂空间外观

图 3-63　千禧教堂空间内部

等级分析图如图 3-64 所示。千禧教堂空间粗细质感等级分析图如图 3-65 所示。

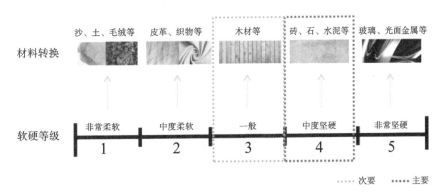

图 3-64　千禧教堂空间软硬质感等级分析图

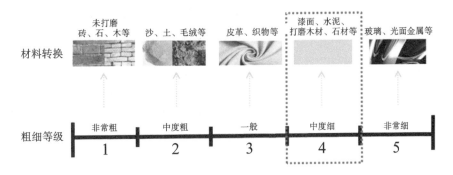

图 3-65　千禧教堂空间粗细质感等级分析图

　　教堂内部空间注重面与线的视觉统一感。空间呈现出宽广、通透感，各个立面之间并不完全连续，再加上教堂大量采用光滑材质，使得空间内部音效并不理想——这或许就是设计师在设计时经常面临的抉择吧。

案例 2：施罗德住宅（Rietveld Schröderhuis）

荷兰家具设计师、建筑师格里特·托马斯·里特维尔德（Gerrit Thomas Rietveld）的施罗德住宅（Rietveld Schröderhuis）空间设计思维草图向人们展现出了把二维平面转换为建筑立面的方法和过程。里特维尔德在设计时借鉴了荷兰风格派画家彼埃·蒙德里安（Piet Cornelies Mondrian）采用纯粹的直线与色块构成的绘画方式。施罗德住宅空间构成分析图如图 3-66 所示。

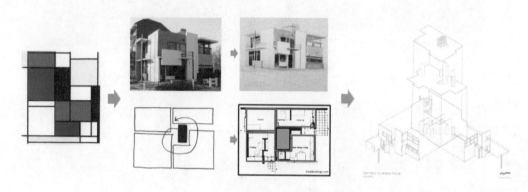

图 3-66 施罗德住宅空间构成分析图

在以上分析中，展示了建筑师如何把绘画中的构成艺术成功运用到空间设计中的方法和过程。建筑的外部与内部空间浑然一体，视觉观感强烈。施罗德住宅空间设计的方法影响了现代很多建筑师对艺术与空间的观念，如图 3-67 所示。

图 3-67 施罗德住宅空间色彩构成设计图

施罗德住宅空间采用了饰面漆＋玻璃材料：软硬质感 4 级，粗细质感 4 级。空间的软硬质感与粗细质感统一在了同一个级别里。质感印象光滑、细腻、坚硬。这样的质感搭配从室外空间延续到室内空间，整个建筑空间具有冷漠又不失活泼的都市时尚感，气质独特，空间标识感强烈。分析图如图 3-68 和图 3-69 所示。

施罗德住宅空间设计之所以被列为现代主义建筑的代表作，除了上述的设计特点之外，它在空间开合变化上的独到设计也是让人称赞的。里特维尔德设计的局部空间立面采用可以滑动的墙板，这种墙板可以根据实际使用需求随时进行开合度的调整，以此实现空间功能的改变。施罗德住宅空间立面开合分析图如图 3-70所示。

施罗德住宅空间立面开合的变化，除了对功能有影响之外，还影响了空间体验者的视线和路线。人在空间中视线和路线的改变可以让人对空间形成完全不同的认知，改变空间的隐私性，并带来新鲜感。施罗德住宅空间是首个最成功的具有"机动"特质的空间设计案例。施罗德住宅空间开合对视线和路线的影响分析图如图 3-71所示。

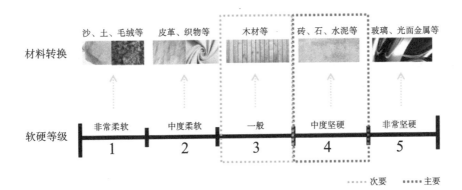

图 3-68　施罗德住宅空间软硬质感等级分析图

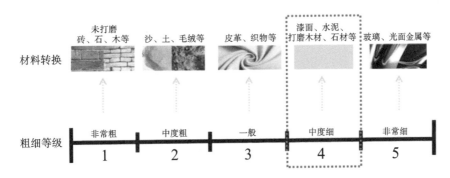

图 3-69　施罗德住宅空间粗细质感等级分析图

图 3-70　施罗德住宅空间立面开合分析图

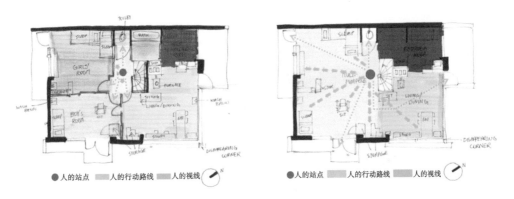

图 3-71　施罗德住宅空间开合对视线和路线的影响分析图

实 训 环 节：

1. 拍照记录生活中的空间，记录和比对各个空间的设计元素，并感受由此带来的不同空间体验。
2. 综合利用空间设计元素进行单个空间"A"的构思设计。

空间的限定

KONGJIAN DE XIANDING

4.1

空间限定的概念

只有对空间加以限定,人对空间的设计才能实现,比如,建筑物内部空间就是由地面、墙面/柱子和天棚围合限定而成的空间。空间的地面、墙面和天棚统称为空间的"界面"。空间界面分为顶界面(顶面)、立界面(立面)和底部界面(底面)。界面在距离、长度、宽度、高度和造型上的变化,造就了空间的变化,从而使得空间具有了个性,继而影响着人对空间的感知。

4.2

限定要素的位置与空间感知

下面就一般情况下不同限定要素出现的位置和形式对空间的限定程度做出相应分析。

4.2.1 当有一个水平限定要素(底面)时

1. 仅有一个水平限定要素(底面)时

当空间只有一个水平限定要素,而这个水平限定要素为底面时,空间具有范围感。空间中视线和行为无遮挡,人在空间中无封闭感,如图 4-1 所示。

图 4-1 仅有一个水平限定要素(底面)的空间示意图

当水平限定要素(底面)为"面"时,空间限定性相对来说是最强的;当水平限定要素(底面)为"线"时,空间限定性相对来说是较弱的,如图 4-2 所示。

从科学的角度来讲,地球存在着引力,所以任何物质都有重力。因此,完全没有底面的空间在地球上是不存在的。但设计师们为了打破人们的这种既定思维,营建出了一种别具一格的空间和体验——反重力设计。"反重力设计",即尽量降低底面给人带来的存在感(限定感)。反重力设计的常用方法就是底面采用透明的玻璃材质。玻璃可以让人从视觉上感觉自己脚下仿佛没有依托,从而产生一种脱离地球引力的错觉,如图 4-3

图 4-2 底面限定要素为"面"与"线"时的图片

所示。

图 4-3 反重力空间设计案例

2. 当有一个水平要素(底面)＋一个垂直要素时

当空间中有一个水平要素(底面)＋ 一个垂直要素(立面)时,空间具有范围感。空间只有一个垂直要素(立面)时,人只有在空间中面对垂直要素(立面)时有限定感,如图 4-4 所示。

图 4-4 一个水平要素(底面)＋一个垂直要素示意图

一般来讲:垂直要素高度越高,对人的限定性就越强,反之,就越弱。经观察发现:人腰际线是限定人行为范围的分界线,视平线是限定人视线范围的分界线(之后内容同理,不再赘述)。垂直限定要素高度对人的行为限定示意图和垂直限定要素高度对人的视线限定示意图如图 4-5 和图 4-6 所示。

腰际线

图 4-5 垂直限定要素高度对人的行为限定示意图

图 4-7 所示的对比案例显示出:空间中垂直限定要素(立面)的高度差异对人的行为和视线造成了不同的影响。左图的垂直限定要素(立面)高度低于人的视平线,高于人的腰际线。围墙对人的行为进行了限定,对人的视线没有太大的限定,围墙外的风景可以更多地被人欣赏。这让空间具有一定的开放性。右图中的垂直限定要素(立面)高度远远高于人的视平线。围墙把人的行为和视线都进行了很强的限定,让人产生一种隔离感和

图 4-6　垂直限定要素高度对人的视线限定示意图

距离感,同时,很好地保护了围墙另一边的隐私。这让空间具有封闭感和私密性。

3. 当有一个水平要素(底面)＋两个垂直要素时

当有一个水平要素(底面),两个垂直要素相互平行时,空间具有一定的范围感,空间具有行为和视觉导向性。人在空间中有封闭感和引导感,领域感较强。一个水平要素(底面)＋两个垂直要素(平行)示意图如图 4-8 所示。

人的身高

图 4-7　垂直限定要素高度对比示意图

图 4-8　一个水平要素(底面)＋两个垂直
要素(平行)示意图

在图 4-9 所示的限定要素尺寸变化对比案例中,可以充分感受到:垂直限定要素的高度直接影响了人的行为、视线和心理。但无论垂直限定要素或高或低,都具有让人易于辨识的空间指向性。

图 4-9　限定要素尺寸变化对比示意图

以楼梯空间为例,在空间中,限定要素的尺寸、样式(面、线……)不同,对空间的限定感也是不同的,如图 4-10 所示。

垂直限定要素的高度不同,对空间的限定感也是不同的。在图 4-11 所示的案例对比图例中可以直观地感受到它们之间在空间限制度上的区别:在空间宽度一定的前提下,垂直限定要素越高,对空间的限定感就越强。

当有一个水平要素(底面),且两个垂直要素相交时,空间具有一定范围感,人只有在空间中面对垂直要素时有较强的限定感,如图 4-12 所示。

位于美国首都华盛顿中心区公园小树林里的越战纪念碑(见图 4-13)由华裔建筑师林璎(Maya Ying Lin)设计。该纪念空间垂直要素是从地面被拉高出来的,高度缓缓变化的立面实现了立面的转折(相交),最终逐渐降低的立面又回归于地面。人们进入这个空间,被立面限定和指引着前进,在立面转折(相交)处形成空间感受

图 4-10　楼梯空间限定程度对比示意图

图 4-11　限定要素高低尺寸变化对比示意图

图 4-12　一个水平要素(底面)十两个
垂直要素(相交)示意图

图 4-13　越战纪念碑空间分析示意图(基础图片采自网络)

的最高潮,之后又慢慢回归平静。越战纪念碑以大地艺术的方式,灵活运用
空间限定,设计出了大气、静逸、悲壮的空间氛围。

4. 当有一个水平要素(底界面)十三个垂直要素时

　　当有一个水平要素(底界面)和三个垂直要素时,空间具有较强的范围
感,人在空间中封闭感较强,领域感较强,如图 4-14 所示。

　　南京大屠杀遇难同胞纪念馆的胜利广场(见图 4-15)就是典型的"一个水
平要素(底界面)十三个垂直要素"限定的空间类型。广场空间平面呈"U"字
形。当人在空间中面对立面限定要素时,有较强的围合感。"U"字弧线形的
垂直限定要素不仅增强了空间的氛围,还让空间的流畅性得到提高,空间具有了导向性。

图 4-14　一个水平要素(底界面)十
三个垂直要素示意图

5. 当有一个水平要素(底界面)+四个垂直要素时

当有一个水平要素(底界面)和四个垂直要素时,空间具有很强的范围感,人在空间中封闭感强,领域感强,如图 4-16 所示。

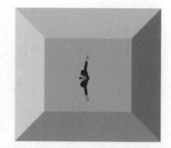

图 4-15　胜利广场空间(基础图片采自网络)

图 4-16　一个水平要素(底界面)+
四个垂直要素示意图

这种类型的空间限定样式通过在立面限定要素的高度上进行精心设计来营建符合限定要求的空间。如图 4-17 所示,在最左边案例中,可以感受立面限定要素的高度在人站立时的腰际线位置,这样的空间限定不仅营建出了一个相对独立的氛围,还让人在坐姿情况下保持了开阔的视线。随着立面限定要素高度的升高,人的行为和视线受到的限制程度也随之越来越高。

图 4-17　立面高度尺寸变化对比示意图(图片采自网络)

4.2.2　当有两个水平限定要素(底界面+顶界面)时

1. 只有两个水平限定要素(底界面+顶界面)时

当有两个水平限定要素(底界面、顶界面)时,空间具有一定范围感。人在头顶和脚下有限定感,在空间的前后左右无封闭感,如图 4-18 所示。

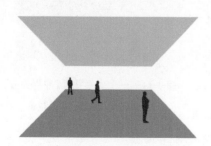

图 4-18　两个水平限定要素(底界面+
顶界面)示意图

由于地球引力的作用,完全悬空的顶界面是不可能存在的,必须通过立面承重才能支撑起顶面,但可以通过尽量降低立面承重结构的视觉存在感实现近似"无垂直界面"的效果。在密斯·凡·德·罗(Ludwig Mies Van der Rohe)设计的范斯沃斯住宅(Farnsworth House)中,由于建筑空间立面墙体采用了玻璃,顶界面的承重结构(柱子)尽量纤细,所以整个空间看起来仿佛只有底界面和顶界面(窗帘是后期增加的)。该空间既实现了居住空间遮风避雨的功能,又实现了密斯对纯粹空间的追求,如图 4-19 所示。

图 4-19 范斯沃斯住宅建筑空间外景及内景

在室内空间设计中可以通过加强顶界面的方法,让空间体验者感受被视觉强化了的顶界面,而降低甚至忽略其他顶界面的存在。图 4-20 所示的案例正是采用了这种方法,在室内有限的空间里营造出了仿佛置身于室外树下的唯美空间。

图 4-20 "樱花树下"寿司餐饮空间

2. 当有两个水平要素＋一个垂直要素时

当有两个水平要素和一个垂直要素时,空间具有一定范围感,人在面对垂直要素时有一定封闭感,如图4-21所示。

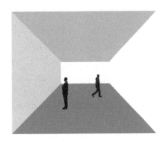

图 4-21 两个水平要素＋一个垂直要素示意图

在图 4-22 所示的车站空间设计案例中,在"两个水平要素＋一个垂直要素"的设计方法中,运用了"曲线—曲面"设计样式进行限定。整个车站空间展现出轻盈且具有连贯性的特点。在室内空间设计中,可以采用强调空间界面的手法来营建此种空间样式。在某楼盘的销售中心室内空间设计案例中,设计师把顶面、立面和底面进行了连接和强化,空间不仅实现了功能区域的划分,而且呈现良好的视觉观感,如图 4-23 所示。

3. 当有两个水平要素＋两个垂直要素时

当有两个水平要素和两个垂直要素,两个垂直要素又相互平行时,空间具有范围感,具有导向性,人在空间

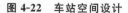

图 4-22　车站空间设计

图 4-23　某销售中心室内空间设计

中有较强的封闭感,领域感也较强。

当两个垂直要素相交时,空间具有范围感,人只有在空间中面对垂直要素时有较强的限定感,有较强的领域感,如图 4-24 所示。

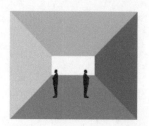

图 4-24　两个水平要素+两个垂直要素示意图

在公共空间拉罗什市天桥的设计中,设计师伯纳德·屈米(Bernard Tschumi)采用"线"编织的方式完成了对过街天桥空间的塑造。该空间既可以作为通道,也可以作为城市空间的艺术装置,对城市公共空间环境氛围的打造具有积极作用,如图 4-25 所示。

图 4-25　拉罗什市天桥

4. 当有两个水平要素+三个垂直要素时

当有两个水平要素和三个垂直要素时,空间具有范围感,人在空间中封闭感强,领域感强,如图 4-26 所示。

我国的崖居就是这样的空间样式。早期的人类在生产力有限的情况下,在山崖外部向内部挖掘洞穴,形成居住空间,如图 4-27 所示。

在图 4-28 所示的室内空间设计案例中,采用了这种嵌入的方式呈现出空间的样式。这样的空间让人产生较强的封闭感,多用在需要营造私密性和安全性的空间中。嵌入式空间在欧洲具有悠久的历史,如嵌入式浴室等。

图 4-26 两个水平要素＋三个垂直要素示意图   图 4-27 崖居空间及剖面示意图

5. 当有两个水平要素＋四个垂直要素时

当有两个水平要素和四个垂直要素时,空间完全封闭,空间的限定感最强,人在空间中的领域感最为强烈。同时拥有六个界面的空间是人类建造空间的基本样式,如图 4-29 所示。

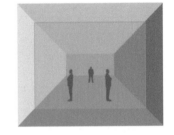

图 4-28 嵌入式空间案例   图 4-29 两个水平要素＋四个垂直要素示意图

虽然具有六个面的空间的限制度最大,但它符合人对于空间的安全性、私密性等最高要求。在六个界面的空间中,设计师通过对各个界面的设计,力图让空间展现出最大的适应度和个性,如图 4-30 所示。

图 4-30 建筑空间的基本样式

在了解了空间的限定因素和人的感知之后,也就了解了如何利用这些界面对空间进行设计,让空间呈现出多样化的面孔,也让体验者能有更多的空间感知和感受。我们平时看见的空间界面样式或面或线,或平或曲,都是设计师刻意设计的结果。在日常观察中,应多去理解和分析空间设计师的设计意图与设计结果之间的关联,找寻它们之间关联的方式,如图 4-31 所示。

图 4-31 空间界面不同的样式案例

4.3

空间限定程度的影响因素

4.3.1 限定的位置

能对空间进行限定的要素位置有:水平位置(顶面、底面)和竖向位置(立面、墙面、柱子)。其中,水平位置的底面被认为是空间的基础界面。竖向位置的限定要素(立面、墙面)的限定性是最强的。它不仅能限定空间的大小,还能遮挡人的视线,改变人的路线,从而直接影响人在空间中的动作和行为,如图 4-32 所示。

水平限定要素空间限定度 ＜ 垂直限定要素空间限定度

图 4-32 限定要素不同位置对空间限定强弱程度对比示意图

4.3.2 限定的样式

空间的限定样式有点、线和面。空间中不同限定要素的样式(或者组合出现)使得空间拥有不同的限定程度和特性。一般来说,当限定要素为点、线样式时,对该空间的限定性较小;当限定要素为面状样式时,对该空间的限定程度较大,如图 4-33 和图 4-34 所示。

点　　　线　　　面

空间限制程度:点 ＜ 线 ＜ 面

图 4-33 限定要素的不同形状对空间限定强弱程度对比示意图

在对空间进行限定时,常用"直线—平面"和"曲线—曲面"等样式进行。"直线—平面"的限定样式给人稳定、理性的空间感受。"曲线—曲面"的限定样式给人柔和、感性的空间感受。

由密斯·凡·德·罗和菲利普·约翰逊设计建造的西格拉姆大厦(见图 4-35)是典型的现代主义风格,整个建筑空间从内至外都采用"直线—平面"的设计手法。建筑空间充满了现代的理性和都市的冷峻氛围。

扎哈·哈迪德以善于营建"曲线—曲面"的空间闻名于世。她设计的空间具有如植物般的生长感和极强的

图 4-34　限定要素形状对空间限定的影响

图 4-35　西格拉姆大厦建筑空间实景图

个性感。空间本身标识感明显,设计师个人风格辨识感极其强烈,如图 4-36 所示。

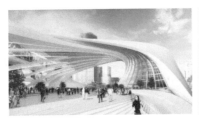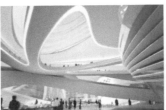

图 4-36　扎哈的建筑空间实景图

4.3.3　限定的通透程度

对空间的限定强弱程度主要取决于对人的限定。从人的视觉、行为和心理上对人进行限定,就实现了空间的限定。如果仅从人的视觉角度来说,在同等环境条件下,视觉通透程度越高,对空间的限定程度就越弱。比如说:透明材质虽然对人的行为进行了限定,但对人的视觉限定度较低,从而扩大了人对空间的感知,如图 4-37 所示。

图 4-37　透明度对空间限定度的影响对比案例

4.3.4　限定的手法

空间的限定手法较多,以下就对常见的几种手法在底面限定要素中的运用做出分析,在其他界面中也可同样运用。在对空间中的底面要素进行设计时,常用的设计手法有大小限制法、平面区别法和升降法。

1.大小限制法

大小限制法,即把空间限定要素进行大小尺寸的限定。人在这个被限定的区域进行活动。在景观设计中,常在水面设计"汀步"以供游人行走。这种"汀步"就是典型的对空间底面进行大小、位置限定的设计案例,如图4-38所示。

图4-38　大小限制法示意图

2.平面区别法

平面区别法,即把空间限定要素在材质、颜色、肌理或质感等方面进行区别设计。在空间设计中,通过这种方法可以对空间体验者起到心理暗示和行为引导的作用。比如说,在草地上,人们通常会沿着地面上留下的"道路"痕迹前进,不会轻易离开这条"道路"另辟蹊径。一般人在心理上会认为这条"道路"既然被展现出来,那么它被证明是"安全的""有效的"。在空间底面设计时,利用这种"从众"(服从大部分人的意志)心理,可以通过把底面在视觉上进行区别设计来实现设计效果和目的,如图4-39所示。

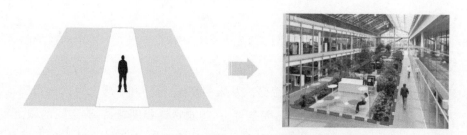

图4-39　平面区别法示意图

在景观空间设计案例中,设计师通过对地面材料、颜色和质感进行区别设计,成功地把空间中的"道路"和"景观"区别了出来,同时,整个空间视觉效果干净利落、形象鲜明,如图4-40所示。

在居住室内空间设计中,设计师在地面上设计出不同花纹和颜色的地砖(或者铺设地毯),成功地在视觉上把"客厅空间"和"餐厅空间"进行了区分,如图4-41所示。底面的平面区别法让空间视觉感通透、有条不紊,整体感强。

3.升降法

升降法,即把空间限定要素进行上下方向的抬升或者沉降。在空间设计中,通过这种方法可以区分出具有不同高度的空间,起到强调和组织空间的作用。平原和峡谷就是自然界中很好的例子。这些地形依据高低落

图 4-40　平面区别法原理及设计运用示意图 1

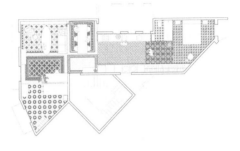

图 4-41　平面区别法原理及设计运用示意图 2

差分隔出了不同的空间范围,也影响着人的行动方向。在人的常规思想中通常认为:被抬升起来的空间具有相对外向的展示性;被沉降的空间相对具有内向的隐秘性,如图 4-42 所示。

图 4-42　升降法示意图

　　在展示室内空间设计案例中,通过对底面的升降设计,区分出了"模特展示区、展台"和"参观者道路区",再通过两者颜色、质感等的区别设计,强化了视觉效果,增强了设计感,如图 4-43 所示。

图 4-43　升降法原理及设计运用示意图 1

　　在北京 BAITA 电影院公共空间设计中,设计师通过对底面的升降设计,实现了"空间围合+行进道路+观看坐席"功能的综合设计,形成了独特的空间感,让人印象深刻,如图 4-44 所示。

图 4-44　升降法原理及设计运用示意图 2

4.4

限定要素的开合与空间感知

在了解了空间的限定要素样式以及位置之后,再认识限定要素的开合是十分必要的。在空间设计中,即使在限定要素样式和位置都相同的前提下,限定要素不同的开合方式也会直接影响体验者对空间的感知。

4.4.1　界面开合与视线的关系

在空间中,对视线来源的研究一般有单向视线和交流视线两种。

单向视线,即只关注空间中被研究的单个体验者的视线情况。

交流视线,即关注空间中的至少两个体验者的视线情况。正所谓,你在看别人的同时,别人也在看着你。这种注重双向视线的设计,在景观设计中称为"对景"。

单向视线分析和交流视线分析在空间设计中都是经常运用的设计分析方法,如图 4-45 所示。

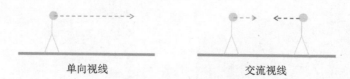

单向视线　　　　　　　　交流视线

图 4-45　空间中视线来源分析示意图

就人与人的常规对视视线而言,空间各个界面对视线的影响程度分析如图 4-46 所示。根据分析图示可知,在空间的常规界面中(底面、顶面和立面),立面对于空间中人的对视视线的影响是最大的。

4.4.2　界面开合与行为的关系

就人与人的日常行为而言,空间各个界面对行为的影响程度分析如图 4-47 所示。根据分析图示可知,在空间的常规界面中(底面、顶面和立面),立面对于空间中人的行为影响是最大的。

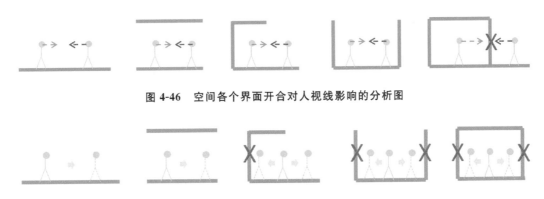

图 4-46　空间各个界面开合对人视线影响的分析图

图 4-47　空间各个界面开合对人行为影响的分析图

4.4.3　界面开合与空间感知

1. 界面开合与视线感知

下面就以六面围合的空间为研究基础,主要以在立面限定要素上进行开合设计为例,分析说明限定要素的开合情况与体验者的空间感知情况(其他界面可以类似的方法研究)。

单就空间中的立面开合而言,开合的位置和大小都对人的视线有着不同的影响,进而影响着人在空间中的行为和感知,如图 4-48 所示。

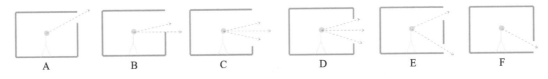

图 4-48　立面开合样式对人单向视线的影响分析图

(1) A 在建筑空间中被称为"高侧窗"。这样的立面开合方式可以满足室内空间采光和通风要求,对人的正常视线有阻碍作用,对人的隐私有保护作用。

(2) B 在建筑空间中被称为"侧窗"。这种立面开合方式最为常见。它满足采光、通风和视线的要求。

(3) C 在建筑空间中可看作"落地窗"或者全开的立面样式。这种立面开合方式在采光、通风和视线上达到最大,人的隐私感被降到最低。

(4) D 与 B 同属"侧窗"范围。与 B 不同的是,D 的开窗面积更小,更加注重装饰意义。建筑空间中的"框景"属于这个范围。框景,即把空间中的景色"框"起来,让呈现在"框"中的景致更加精致,就像一幅画一样出现在立面上。框景是中国传统景观空间设计中常用的设计手法。

(5) E 立面开合并不常见。但从分析可知,这种开合方式对人的视线具有阻碍作用,空间采光和通风的条件要优于 A"高侧窗"。

(6) F 在建筑空间中被称为"低侧窗、近地窗"。这种立面开合方式能让室内有一定采光和通风,对人的视线有阻碍作用,对隐私具有一定的保护作用。但采光和通风的部位距离底面较近,所能达到的效果有限。它能满足人在空间内行走的基本光线要求。

立面开合位置和大小对人双向视线产生的影响分析如图 4-49 所示。

以被观察物体为一棵树为例,立面不同的开合位置和大小,会让人获得不同的信息,从而影响人对空间的体验,如图 4-50 所示。

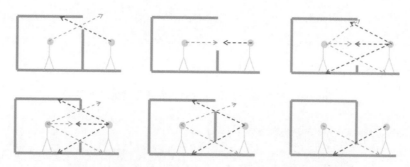

图 4-49 立面开合位置和大小对人双向视线的影响分析图

图 4-50 立面开合位置和大小对人视线的影响分析图

BMLZ 北京工作室空间在界面开合设计上具有特点。该空间尝试在空间多个界面进行开合设计(样式、大小、位置等)。不同的界面开合设计为该空间增加了更为丰富的视觉效果以及行为体验,如图 4-51 所示。

图 4-51 立面开合样式对人视线的影响分析实例

2．界面开合与行为感知

立面开合位置和大小除了对人的视线具有直接影响之外,也对人的行为具有影响作用。立面开合的位置和大小不同,对人的行为影响程度是不同的,如图 4-52 所示。

3．界面开合与功能感知

界面开合除了对人的视线和行为产生影响外,还对空间的功能(舒适程度)产生影响。

在安藤忠雄设计的"住吉的长屋"案例中,空间立面上采用了多种开合方式,充分体现出设计师对进入空间的光线以及视线的控制。开口面积狭小的空间入口在保护了住户隐私的同时,让人对空间有了密闭和低调的初印象。在长屋内部,各个空间之间的立面多采用全开式设计,这有利于内部空间的融汇。在长屋的顶部界面设计时,公共区的顶界面采用了全开的方式,以保证进入空间的光线量和通风换气量达到居住标准。长屋空间内部外立面还采用近地窗,这可以为内部空间提供光线,同时达到保护使用者隐私的目的。总的来说,该项目

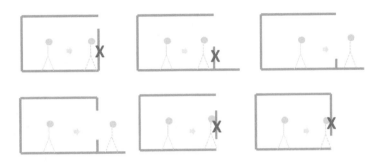

图 4-52　立面开合位置和大小对人行为的影响分析图

通过空间界面的开合多样化设计展现出了空间的延展性。住吉的长屋空间立面开合如图 4-53 所示。

图 4-53　住吉的长屋空间立面开合

位于巴黎近郊的萨伏伊别墅（The Villa Savoye）是勒·柯布西耶于 1928 年设计，1930 年建成的。它被认为是现代主义建筑的经典作品。萨伏伊别墅空间材质主要采用了混凝土墙面、玻璃等。别墅外观简洁明快，但内部空间设计复杂丰富。在空间外部限定时，主要采用了横向带状长窗（这也是现代建筑横向带状窗户的起源）。在空间的内部限定时，对于有隐私要求的空间（如卧室、卫生间等），采用封闭式的立面限定，对于公共空间（如客厅、餐厅等）采用了立面全开的方式。由此，萨伏伊别墅形成了一个"外紧内松""开合有致"的空间限定特点。萨伏伊别墅的界面开合如图 4-54 所示。

图 4-54　萨伏伊别墅的界面开合

综合案例分析

案例1：流水别墅

流水别墅（Fallingwater）是位于美国匹兹堡市郊区的熊溪河畔，由现代主义建筑大师弗兰克·劳埃德·赖特（Frank Lloyd Wright）为德裔富商考夫曼设计的住宅建筑。该住宅空间建筑在天然的熊溪河上，建筑仿佛天然生长于此地，与周边环境浑然一体，是世界著名的现代建筑，被誉为是"世界上最美别墅"，如图 4-55 所示。

图4-55 流水别墅不同季节的外观实景图

在流水别墅的空间质感设计上,赖特采用了当地的石材作为空间的饰面材料,搭配以外墙漆饰面和玻璃。空间软硬质感(4级)统一,具有和谐感。空间粗细质感(1级、4级)对比强烈。流水别墅建筑空间整个质感设计大胆,却又不失格调,空间质感对比既强烈又细致。流水别墅空间软硬质感等级分析图和流水别墅空间粗细质感等级分析图如图4-56和图4-57所示。

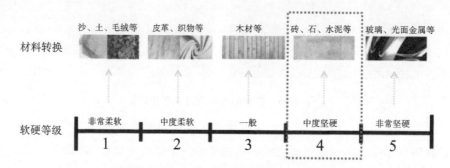

图4-56 流水别墅空间软硬质感等级分析图

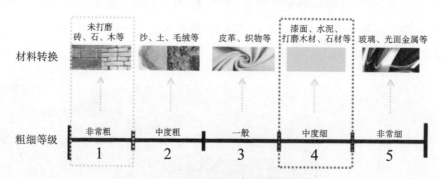

图4-57 流水别墅空间粗细质感等级分析图

从流水别墅平面图(见图4-58)及立面图(见图4-59)上可以看出,流水别墅的建筑空间与当地场地进行了有机结合:一半放于平整的基地上,另一半则悬空立于熊溪河上。建筑各个层级明显,造型感强,与溪流的高落差地形相契合。建筑的每一层、每一个立面造型都拥有各自易于识别的外在形态。流水别墅的建筑室内空间处理也堪称典范,室内空间自由延伸,相互穿插;内外空间互相交融,浑然一体。

流水别墅空间立面主要采用了线和面作为基本造型元素。线和面相互穿插、协调,再加上在建筑色彩上的对比,让流水别墅的横向露台十分显眼,这也再次体现出赖特早期"草原式住宅"低重心,强调建筑横向延展性的个人特点。

流水别墅由于强调空间横向的延伸感,在空间的外围界面开合设计上多采用横向开窗样式,即使局部有立

图 4-58 流水别墅平面图（左起一层、二层、三层）

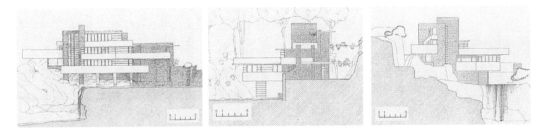

图 4-59 流水别墅立面图（左起东立面、西立面、南立面）

面全开的做法,也会在视觉上特意强化横向的线条感。值得注意的是,流水别墅在顶面空间限定和开合样式上,也进行了独特的设计,如图 4-60 所示。

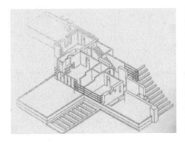

图 4-60 流水别墅空间界面的开合

在别墅内部空间的限定上,则表现出限定感较强的特点。总的来说,流水别墅在空间限定上呈现出"外松内紧"的空间气质。这展现出赖特想尽量把外部景观引入室内空间,达到室内空间与室外空间的相互交融,同时又追求室内各个空间之间的相互独立性的空间设计意图,如图 4-61 所示。

图 4-61 流水别墅空间的限定

案例 2：巴塞罗那国际博览会德国馆

西班牙巴塞罗那国际博览会中的德国馆(Barcelona Pavilion)建于 1929 年,占地面积 1250 平方米。它由德国现代主义建筑大师路德维希·密斯·凡·德·罗(Ludwig Mies Van der Rohe)设计建造。整个建筑空间虽然设计手法精简,但仍可以展现出变化性和可塑性。这就是对密斯"少就是多"设计理念最精妙的解答。巴塞罗那国际博览会德国馆如图 4-62 所示。

图 4-62　巴塞罗那国际博览会德国馆

　　巴塞罗那国际博览会德国馆在设计上对空间的开放性和联通性做出了探索。在空间立面限定上采用了线(柱子)和面(墙体)的样式。柱子由于采用了镜面镀镍钢金属材质,在承受屋顶重量的同时,把柱体的存在感降到最低。不连续的墙面限定设计方法让空间在立面上实现了道路的自由。立面玻璃材质的采用让空间在满足使用功能要求的前提下,实现了视觉的开放,展现出现代主义建筑追求自由的气质。德国馆立面的开合与通透以及德国馆自由的路线和立面开合设计分析示意图如图 4-63 和图 4-64 所示。

图 4-63　德国馆立面的开合与通透

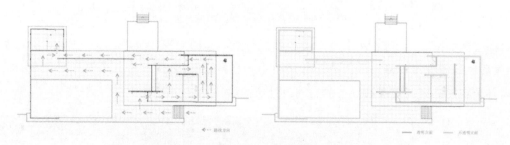

图 4-64　德国馆自由的路线和立面开合设计分析示意图

　　德国馆在水平限定要素的设计上主要采用升降的方式实现主空间与其他空间的区分、馆内展览空间与景观空间的区分,如图 4-65 所示。

　　在材质的选用上,德国馆采用硬度较高的材料,如玻璃、石材、金属等,给人坚定、刚硬和冷峻的空间印象。在质感的设计上,密斯却展现出细腻的一面:采用大理石、石灰石、缟玛瑙、玻璃等。尤其是石灰石和缟玛瑙的运用,可谓是点睛之笔。石灰石采用横向纹理拼接,让横向的墙体具有了引导性和视觉装饰性。缟玛瑙材料用在了展览馆室内最重要的立面上,与石灰石的横向纹理拼接不同,缟玛瑙拼接组成了菱形图案,让人的视线不知不觉集中了起来。缟玛瑙橙色的温暖在这个以白色+灰色为主色调的空间中格外显眼,它具有的动感的肌

图 4-65　德国馆底面的升降

理效果也是这个理性空间的感性亮点,是视觉的中心。德国馆的色彩、材质、质感与肌理设计如图 4-66 所示。

图 4-66　德国馆的色彩、材质、质感与肌理设计

巴塞罗那国际博览会德国馆的设计虽然采用了极简的设计方法,但其空间设计手法仍然相当丰富和到位,这是一个充满自由和想象力的空间。它不仅是密斯的代表作,更是现代主义建筑的里程碑。

实训环节:

深化"A"设计,最终以图纸和实物模型的方式表现出来。

第5章

空间的组合
KONGJIAN DE ZUHE

在前面介绍了空间设计的元素、空间的基本形状、空间的限定等内容。如果说单一形状的空间具有纯粹性和统一感的话,那么,具有多种形状的空间组合则可以让空间变得更加丰富和有趣,也让人对空间的体验更加多样化。对多个空间组合的讨论与研究建立在对单个空间了解的基础之上,但并不仅限于此。对空间组合方式的研究,将有助于创造出更加丰富和有层次的空间体验感。下面,将从空间组合样式和组合手法两方面分别进行分析和研究。

5.1
空间组合的样式

把空间按照一定顺序进行排列,可以形成不同的空间样式。不同的空间组合样式让空间具有不同的面貌,也表达出设计者不同的设计逻辑和意图。

空间排列方式的有:串联型空间、网格型空间、辐射型空间和散点型空间。

5.1.1 串联型空间

顾名思义,串联型空间指的是多个空间由一条"隐形主线"进行串联。

由于空间具有长度、宽度、深度和时间四维特性,所以,空间的串联至少可以从纵向和横向来实现。多个空间在串联的时候,既可以均衡地进行串联,也可以有主次地进行串联。

1. 均衡串联

在日常生活中,教学楼的教室空间就是按照均衡的方式进行空间单线型排列的。教室 A(空间 A)和教室 B(空间 B)没有主次之分,两者地位相同,给空间体验者提供均等的选择机会。横向串联的教学楼空间如图 5-1所示。

图 5-1　横向串联的教学楼空间

日本的环大树幼儿园(Ring Around a Tree)中的附属功能空间作为幼儿园的校车车站、英语教室和玩耍空间,实现了对幼儿园原有功能空间的拓展。该空间围绕着一棵大树进行螺旋线型排列,空间逐渐升高,具有顺序感和趣味性。这个空间既让孩子们锻炼了身体的肢体动作,又具有很好的智力启发作用。竖向串联的环大树幼儿园空间如图 5-2 所示。

图 5-2 竖向串联的环大树幼儿园空间

2. 主次串联

主次串联型空间排列手法是把多个空间按照一定的顺序进行有主次层级的串联搭配。在整个串联空间中,空间体验者能明显区分出主、次空间,并感受不同层级空间带来的差异感。

祭祀后土是中国一种非常古老的活动。中国西汉时期开始在汾阴立庙祭祀后土。山西汾阴后土庙原庙虽已不在,但根据历史文献及碑文记载,后土庙南北 732 步(约合 1405 米),东西 320 步(约合 614 米)。后土庙前部建有 6 重院落,后边建有 2 个院落,均为祭坛,呈半圆形状。山西汾阴后土庙是研究宋代建筑的重要案例。山西汾阴后土庙的空间串联在一条主要轴线上,空间主次关系明显,一目了然:从山门进入祭祀空间,经过牺牲所(前奏空间),通过三重外院(过渡空间),到达"主殿坤柔殿",主殿之后则是祭坛。山西汾阴后土庙空间呈现出"开始—渐进—高潮—结束"的空间序列,空间设计完整。主次串联的山西汾阴后土庙空间分析示意图如图 5-3 所示。

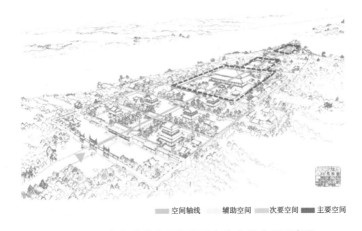

■空间轴线 ■辅助空间 ■次要空间 ■主要空间

图 5-3 主次串联的山西汾阴后土庙空间分析示意图

5.1.2 网格型空间

网格型空间指的是:多个空间按照网格形式进行排列,各个空间在位置上具有平等的特点。

我国唐朝的长安城便是按照网格型空间进行规划和修建的。唐朝长安城外围方正,内部被网格状的道路划分为 108 个空间单位,这些空间单位被称为"里坊"。里坊空间里主要是居住区,外设有围墙,让各个里坊之间可以相互独立;里坊内部设有商铺,可以满足民众的一般生活需求。唐朝长安城规划布局严整,体现出唐朝以法治国的严谨性。唐朝长安城网格型空间分析示意图如图 5-4 所示。

展览会是现代常见的"网格型空间"。策展单位按照网格样式把展会现场划分成多个空间,各个空间会分

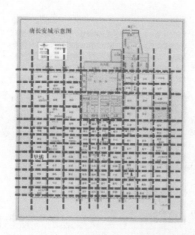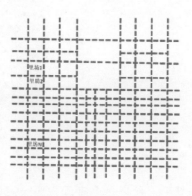

图5-4　唐朝长安城网格型空间分析示意图

给各个参展的品牌/单位。各个品牌/单位再在自己所分得的一块场地上进行展场空间的设计,如图5-5所示。

图5-5　展览会网格型空间分析示意图

5.1.3　辐射型空间

　　把一个空间作为主导,其他所有空间都以它为中心向外进行辐射式排列,称为"辐射型空间"排列。这样的排列方式可以让空间往内具有向心力,向外则具有扩展性。

　　我国客家传统住宅形式中的土楼就是典型案例。客家,并不单指一个民族,而是属于中国汉族民系之一。客家土楼也称福建土楼。土楼外形有圆形、方形、椭圆形和八角形等,建筑形状具有非常显著的特点。圆形客家土楼造型最为独特:以祠堂为圆心,空间以不同的半径依次向外辐射。不同半径的空间具有不同的功能定位,最外环为居住空间。福建土楼整体空间就像水面的涟漪一般,一层一层向外辐射和扩展。整个土楼的居住单元空间大小基本一致,面积约10平方米,所有居住单元共同享有交通空间,如图5-6所示。

　　希腊雅典的空间排列方式是明显的辐射型空间排列样式。雅典卫城作为雅典城的历史及文化中心,对整个城市具有特殊意义。雅典城市空间的"生长脉络"以卫城为中心,往外进行辐射型延展。在位置上,雅典卫城处于城市的中心区域;在地位上,雅典卫城是整个城市的核心,如图5-7所示。

　　日本建筑师藤本壮介(Sou Fujimoto)致力于研究空间的各种排列组合样式,充分利用由此带来的空间特点,期望能带给体验者独一无二的空间感受。在2014年,藤本壮介与法国两家事务所联手赢得了法国蒙彼利埃的一座17层塔楼建筑设计。该建筑空间以交通空间为中心,向外进行辐射型排列。每个居住单元拥有自己与众不同的户型和阳台。各个楼层的阳台相互错开,最大限度地保证了户型的采光和通风。该项目为高层居住空间的居住环境空间优质化设计探索提供了借鉴,如图5-8所示。

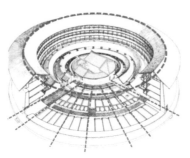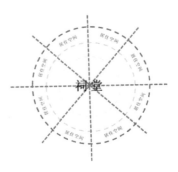

图 5-6　客家土楼空间分析示意图

图 5-7　雅典辐射型空间分析示意图

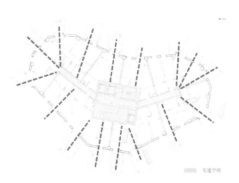

图 5-8　居住建筑辐射型空间分析示意图

5.1.4　散点型空间

散点型空间指的是:多个空间位置无规则地自由排列。空间呈现出自由感,但如果把握不当,也可能由此造成凌乱感。

中国乡村聚落的空间平面布局就是典型的散点型空间排列方式。村民根据自身对居住环境的设想和实际场地的条件进行自由选址、自由建造,最终形成自家住宅空间。居民建设自家住宅的重心放在居住空间内部,而对邻近建筑物和村落的整体布局除了保持应有的礼貌之外并不特别感兴趣。由此,便形成了中国乡村村落各民居空间零散、自由的布局样式。也正是由于散点型空间排列方式不在设计预设之中,因此,也可能产生一些不常见的随机空间,这些空间往往能给人带来意料之外的惊喜。

图 5-9 所示是重庆市永川区来苏镇伍家坝村在 2014 年的民居建筑群组合情况卫星拍摄图片。整个村落民居空间组合反映出散点式布局的显著特征:民居依据自身愿望和客观位置条件,在满足自己及邻里出行方便的

前提下,经过陆续建设,形成了现有的村落空间组合样式。在这里,仅对 A 聚落进行村落的主要道路分析,由此可以看出道路形成的随机性,这种随机性反映出整个村落居住空间组合的随机性和不规则性。来苏镇伍家坝村 2014 年散点型空间组合分析图如图 5-9 所示。

图 5-9　来苏镇伍家坝村 2014 年散点型空间组合分析图

在时下流行的帐篷节中,可以轻松地发现"散点型空间"。参加帐篷节的人们,根据自己对场地的选择和判断,随机地搭建帐篷,由此形成一个个自由散点排列的空间,如图 5-10 所示。

图 5-10　散点型帐篷空间

5.2
空间组合的手法

空间的不同组合带来丰富的空间层次变化和体验感。

要对空间组合进行讨论和研究,就要首先把参考空间按照大小设为三种形式:小型空间、中型空间、大型空间。以小、中、大空间为研究基础,空间组合在设计时有以下两种基本手法:空间对比组合与空间协调组合。

5.2.1　空间的对比组合

中国以传统书画作为营建现实空间的初步构想,经过几千年的不断探索与实践,中国传统建筑空间展现出了丰富、多变的空间组合特点。

空间的对比组合在中国传统建筑空间设计中为常见手法,即将两个大小差异明显的空间放置在一起,通过让其产生对比,从而打破体验者对空间的常规认识,得到一种全新的或者意料之外的空间体验。以"小空间→大空间"的空间组合设计为例:当进入小空间时,体验者对空间的最初印象为"狭小""受限制";当突然转入大空间时,"宽广""放松"的感觉扑面而来,体验者由此产生对比感和刺激感。体验者在感观上产生"狭小 → 宽广"的变化,心理上甚至会认为这个"大空间"比实际尺寸更大。因此,从体验者的心理上讲,"小空间→大空间"这样的空间对比组合有扩大空间尺寸的作用。

苏州留园为我国古典私家园林的经典作品,占地 23 300 平方米。留园的入口空间狭小,进入留园之后是迂回、单调、封闭的走廊空间,这给人一种压抑到几乎无法忍耐的空间感觉。但当最终进入园林主空间时,视野突然打开,让人产生"曲径通幽""豁然开朗"的惊喜感。设计者通过入口处的"小空间"衬托出了园林主景"大空间"的开阔、大方和精致。可以说,留园把"欲扬先抑""小中见大"的空间组合对比手法运用到了极致。留园的空间对比组合分析图如图 5-11 所示。

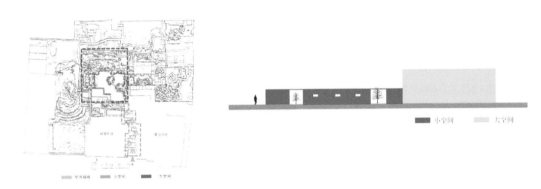

图 5-11　留园的空间对比组合分析图

留园的入口低调、隐秘、封闭,完全感觉不到内部空间。在留园入口走廊幽长而狭小的空间中,通过采用设置漏窗、局部小景观等手法,让体验者适度地保持了一种探索的兴趣,并引导体验者最终到达"主景"目的地。在体验了整个空间之后,方能领会设计者精妙的空间设计思维和大胆的设计手法。留园入口→走廊→主景空间如图 5-12 所示。

图 5-12　留园入口→走廊→主景空间

5.2.2　空间的协调组合

当空间逐渐变大或者逐渐缩小时,体验者对空间的观感缓慢改变,心理变化逐渐产生——这就是"空间的协调组合"。这样的空间组合方式让空间过渡温和且具有连续性。

中国在封建社会前期便形成了较为完整的居住空间组合方式——四合院(见图 5-13)。四合院在空间设计上采用"小空间→中空间→大空间"的组合方法。体验者从四合院大门进入一个小型空间,小空间中设有"影壁"作为视觉焦点,空间装饰简洁。再从小空间进入中型空间(前院)。中型空间中设有漂亮的"垂花门"作为视觉焦点,同时也作为空间方向的引导。最后,体验者经过垂花门进入整个四合院的大型空间(内院)。大空间为主人居住场所,院内有精美的建筑和景观。大空间从功能性和装饰性上无疑都是整个空间组合的重点所在。

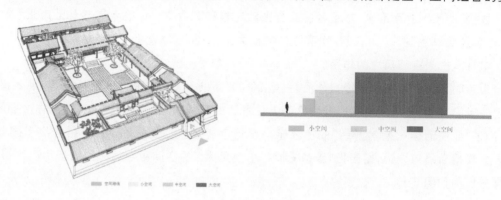

图 5-13 四合院

综合案例分析

案例1:苏州博物馆(Suzhou Museum)

苏州博物馆最早成立于 1960 年。2006 年,由华裔世界现代建筑大师贝聿铭先生设计建造的苏州博物馆新馆正式对外开放。建成后的新馆占地面积约 10 700 平方米,建筑面积约 19 000 平方米。新馆体现出贝聿铭先生对中国传统建筑、传统文化及传统空间审美情趣的现代主义表达。

苏州博物馆前端空间采用了"中空间→小空间→大空间"的空间组合方式,让空间有张有弛,过渡自然。参观者从大门进入前院(中空间),初步感受博物馆的氛围;经由前院进入大堂室内(小空间),由室外空间进入室内空间,空间实现了第一次转换,空间视野得到收缩;之后,再从室内空间进入主园(大空间)。在这里,空间再一次实现了从室内到室外的转换。空间体验者的视野豁然开朗,领略主园给人带来的愉悦空间享受,如图 5-14 和图 5-15 所示。

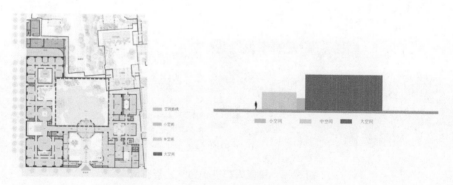

图 5-14 苏州博物馆空间组合分析图

图 5-15 苏州博物馆空间实景图:大门→大堂→主园

在博物馆内设计有长长的走廊,走廊空间具有导向性,能指引人的行动方向和视线方向。在走廊尽头采用了"端景"的设计手法,形成视觉焦点。走廊的顶部界面采用了传统中式建筑坡屋顶的基本样式。空间整体色彩设计具有中国传统民居清淡、雅致的视觉感,如图5-16所示。

空间路线
走廊尽头的端景
空间引导方向

图5-16 苏州博物馆走廊空间分析示意图

在对空间的限定设计上,苏州博物馆采用了底面限定要素、底面+顶面限定要素、底面+顶面+立面限定要素的方式。这无疑体现出中式传统空间限定手法上的多样性特点,如图5-17所示。

底面+顶面+立面限定

底面限定

底面+立面限定

底面+顶面+立面限定

底面限定

底面+立面限定

图5-17 空间限定要素分析示意图

案例2:头大佛(Hill of the Buddha)

头大佛是日本设计师安藤忠雄(Tadao Ando)在2016年完成的空间设计项目。该项目地处日本北海道,历时三年建成。头大佛项目在空间组合上具有展示的意义。

头大佛空间设计打破了以往的设计思维模式,并没有把佛像"装入"传统的宗教建筑空间里,而是把佛像雕塑与"自然"空间结合,力图最大限度地营造出空间的感染力,如图5-18所示。

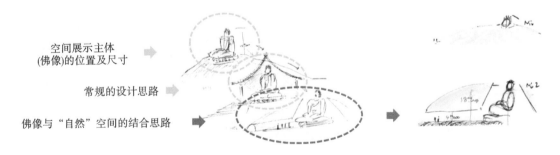

空间展示主体
(佛像)的位置及尺寸

常规的设计思路

佛像与"自然"空间的结合思路

图5-18 头大佛空间设计思维分析

头大佛空间的组合设计分析:空间前端对佛像头部局部进行展示,以点出空间主题和引起空间体验者的初步兴趣,空间体验者根据佛头的暗示步入一条长而笔直的路,路的途中设计了一个有趣的方形空间。设计方形空间的目的大致有三个:其一,是运用空间设计手法,对空间的整体性进行再一次的强调,弱化周边环境对空间氛围的不利影响,净化空间,强化空间设计感,打造仪式感的氛围;其二,是利用立面空间的开合设计,对目标佛像进行"框景"设计;其三,是在方形空间加入"横向的、阻挡前进的水面",加强空间感的同时也让空间更富有探索的意义。

头大佛空间路线设计看似简单、直接,却技巧性地让空间体验者有了探寻的过程,丰富了空间体验。空间路线设计分析如图 5-19 所示。

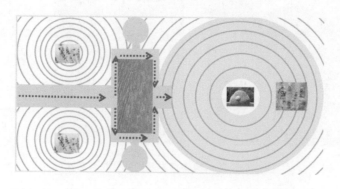

┈┈┈▶ 空间路线

图 5-19 空间路线设计分析

头大佛空间立面有开有合,开合有致,视线设计层层递进,逐渐精彩。空间视线设计分析如图 5-20 所示。

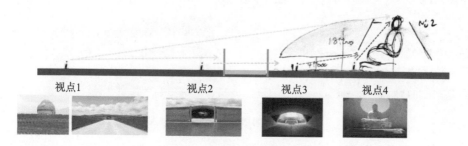

图 5-20 空间视线设计分析

在空间节奏上,头大佛项目设计了"点明主题→仪式感气氛营造→空间探寻→空间酝酿→空间高潮"的空间步骤,并在实际操作中很好地对设计预想进行了实现,如图 5-21 所示。

| 露出的头部
激发兴趣,点明主题 | 具有仪式感的道路
立面的遮挡与"框景" | 围合起来的"纯粹"空间
增加空间探索的趣味性 | 压抑的走道具有强烈的指示性
空间设计重点呼之欲出 | 仰望佛像
心生意境 |

图 5-21 空间节奏设计

头大佛空间的设计意识强烈,对空间的把控到位,空间设计看似简单却效果卓著。

实训环节:

以"A"前期设计成果为依据,对其进行空间组合设计(增加或分解)得到"B",丰富其设计层次,并以图纸和实物模型方式呈现。

第6章

空间的内涵

KONGJIAN DE NEIHAN

6.1

空间的尺度

在之前的章节中,讲述了空间与尺寸的关系。尺寸是指在空间中运用测量工具所测得的具体数据。尺寸是不可改变的。尺寸不等于尺度。在空间中,尺度除了用来表示物体的客观尺寸,还可以用来表示物体与物体之间的相对比例。尺度是"事物在某种环境中给人的大小程度感觉",是感性的,是能根据周围环境或者参照物的改变而变化的。

对尺度的设计总的来说有两种方式:其一,是适合人体尺寸的适宜尺度;其二,是不符合人体尺寸的夸张尺度。

中国紫禁城(见图6-1)空间的尺度远远超过了人对空间使用尺寸的要求,无论在空间的高度和宽度上都大到了超出常人理解的范围。十米高的宫墙,相当于现代一般居住建筑空间高度的3倍多。紫禁城前殿的广场空间位于太和殿北面,有大约3万平方米。广场空间面积宽广、毫无遮挡、视野开阔。紫禁城前殿的广场空间尺度大于常规空间尺寸。这样尺度的空间设计,要达到的目的有几个:其一,满足相应使用功能(如国事活动、典仪、祭祀等);其二,满足防火、防盗等其他要求;其三,营造和加强空间氛围,让威仪感通过建筑空间载体传达出来。

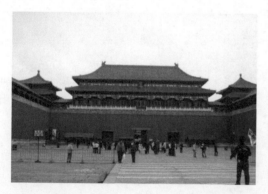 

图6-1 紫禁城城墙及太和殿前广场空间尺度

显然,像宫墙和前殿广场这样的尺度并不适用于一般平民的空间。民间院落围墙一般最多为2层楼高度(有社会地位的人家);在西南地区,有的民居围墙高度甚至只有1米左右(一般百姓)。民居院落面积也一般不大,适合家人日常休闲。总的来说,民间建筑尺度更为适宜人的居住与生活,它给人带来舒适、安全的感觉,如图6-2所示。

在现代空间中,设计师往往除了以人体尺寸为基本参考依据之外,也对空间尺度有仔细的分析和研究,以确保设计出来的空间能更加准确地传达(或者说更加接近)设计师的意图。在新加坡的Parkroyal酒店空间设计中,设计师根据空间的不同功能和氛围,对空间尺度进行了不同的设计。入口空间和大堂是酒店的对外第一形象,也是人最多的地方。因此,设计师采用了加大空间尺度的设计,营造出了大气、奢华的氛围。酒店的餐厅尺度缩小,给人疏朗和精致感。在客房和客房的走廊空间,尺度进一步紧缩,符合一般人对空间高度的使用要

图6-2　阆中古城民居空间尺度

求。在这里,温馨、适宜的氛围把人包围,增加了顾客的空间舒适度和安全感,如图6-3所示。

图6-3　新加坡Parkroyal酒店空间尺度设计

6.2

空间的秩序

作为社会语言的重要因素之一,空间的秩序究竟是怎样在空间中发挥其作用的呢?

有秩序的空间传达出严谨而条理清楚的空间内涵。无秩序的空间传达出自由而放松的空间含义。

在封建社会时期,有秩序的空间更能准确表达出社会的属性。中国的紫禁城的"外朝内寝";一般四合院的"外公内私";主要的空间放在重要的位置,附属的空间放在次要位置等,这些都是空间秩序的表现。

始建于公元72年屋大维王朝时期的古罗马斗兽场(The Colosseum)是古罗马建筑成就的杰出代表。斗兽场平面呈椭圆形,短轴约156米,长轴约188米,周长527米,围墙高度达57米。可容纳约9万人同时观看表演。斗兽场空间延续了古希腊圆斗形剧院的形式并在此基础上加以改进。斗兽场在公共空间的路线设计、观看的视线设计等方面是现代足球场等公共空间设计的模板。古罗马的斗兽场在观看位置的排列设计上最能表现出古罗马时期的社会等级秩序:中央是表演区,最接近表演区的是皇帝、贵族、嘉宾,之后是中产阶级,接着是平民,最外边是处于社会最底层的人员,如奴隶等。斗兽场的观看位置安排明确表达出古罗马时期的社会秩序决定了斗兽场的空间设计秩序,如图 6-4 所示。

社会最底层
平民
中产阶级
皇帝、贵族与嘉宾
斗兽表演区

图 6-4　罗马斗兽场的空间秩序分析示意图

布拉格的城市空间反映出社会的秩序,城市中心区域为社会的最高阶层——教会,他们负责传递"上天"的旨意。教会的建筑空间不仅处于城市中心区域,还是整个城市最高的空间,它以高高在上的态度,展示出与世隔绝的神秘感。紧挨着教会的是国家的统治阶层,他们负责履行"上天"的旨意和管理国家或者城市,他们拥有宽阔而奢华的建筑空间,有阶级优越感。贵族之后是富人阶级,他们拥有大量金钱,在社会等级上积极地向贵族靠拢。最下边的是平民阶层,他们拥有的建筑空间矮小而局促。平民的建筑空间以谦卑的姿态存在于城市空间秩序的最底端。布拉格城市中的空间秩序分析示意图如图 6-5 所示。

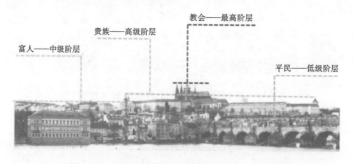

教会——最高阶层
贵族——高级阶层
富人——中级阶层
平民——低级阶层

图 6-5　布拉格城市中的空间秩序分析示意图

在现代建筑空间中,对空间秩序的理解展现出更多方面的内容。在华裔建筑师贝聿铭的卢浮宫扩建工程空间中,设计师在前期空间秩序定位时,便竭力想建造出一个既尊重现有宫殿建筑又满足现代功能要求的空间。于是,一个建造在卢浮宫殿地底下的展览空间便诞生了。除此之外,在扩建工程的入口处,仍延续了"尊重历史"这一初衷,采用了具有高度透明的玻璃材质和简约的空间外形,尽可能让新建的空间不干扰原有宫殿空间。这显示出新建空间在历史建筑空间面前谦虚而克制的空间态度。这无疑是一种对历史时间秩序的理解和表达。卢浮宫扩建工程如图 6-6 所示。

人们接触最多的居住建筑空间也是有秩序的。居住空间一般遵循"公共空间靠外,私密空间向内"的设计原则。玄关、客厅、餐厅、公共卫生间等属于大家共同享有的公共空间,同时也是客人可能享用的空间。这些空间属于在秩序上应该"靠外"的部分。书房、卧室、个人卫生间等属于私人享用空间,具有安静和隐私的要求,客人一般不会涉足。这些空间属于在秩序上应该"向内"的部分。根据以上"内外"秩序的设计原则,居住室内的空间秩序就合理地排列出来了。居住空间的秩序模型如图 6-7 所示。

在居住空间的具体排序时,结合之前所述的空间排列方法,可以有多种组合方式,例如直线型排列、树型排

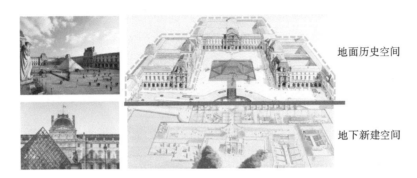

地面历史空间

地下新建空间

图 6-6 卢浮宫扩建工程

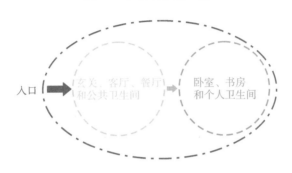

图 6-7 居住空间的秩序模型

列、分层排列等。居住空间的秩序如图 6-8 所示。

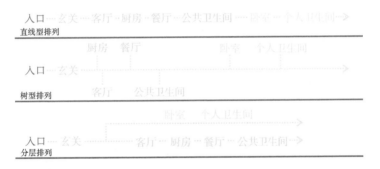

图 6-8 居住空间的秩序

直线型、树型空间的排列方式,常用在平层居住建筑中;分层排列常用在多层居住建筑中,如别墅等。直线型居住空间的排列方式经思维发散之后,空间设计师以"直线型"居住空间排列方式为基础,还设计出螺旋型排列方式,如图 6-9 所示。

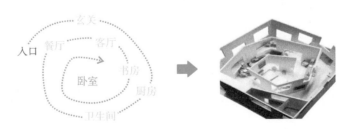

图 6-9 螺旋型空间秩序案例

6.3

空间的美感

6.3.1 空间的比例美感

人对美的追求与生俱来。而对于"什么是美?"这一永恒的话题,答案却不尽相同。有的人认为:"美是感性的,不可描述的",有的人认为:"美就是数学公式"。古希腊数学家、哲学家毕达哥拉斯(Pythagoras)用理性的数学方式表达出了对"美"的理解:

$$美 = (\sqrt{5}-1) \div 2 \approx 0.618(无理数)$$

0.618 这个无理数被认为是具有美感的,因此被称为黄金比例。

黄金比例可以理解为:把一条线段分为两段, AB 长度为 a , AC 长度为 b ,那么 $b \div a \approx 0.618$ 。

由此得来的具有"美"的黄金比例矩形如图 6-10 所示。

设 $BC=1$,则 $AB=\dfrac{\sqrt{5}+1}{2}$

在 AB 上取一点 E,使 $BE=1$,作正方形 $BCFE$

则 $AE=\dfrac{\sqrt{5}-1}{2}$

$AD:AE=1:\dfrac{\sqrt{5}-1}{2}=\dfrac{2}{\sqrt{5}-1}=\dfrac{\sqrt{5}+1}{2}$

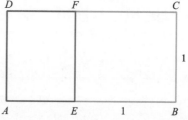

图 6-10 黄金比例矩形

在空间设计时,为了营造具有美感的空间,设计师常使用黄金比例来进行空间尺寸的确定。古希腊雅典卫城的帕特农神庙(Parthenon)从公元前 447 年开始兴建,9 年主体封顶,又历时 6 年完成各个雕刻之后才最终完工。神庙南北长 70 米,东西宽 31 米,东西两立面山墙顶部距离地面 19 米。神庙建筑符合黄金比例规律,因此被认为是世界上拥有最美比例的建筑之一。古希腊雅典帕特农神庙的黄金比例如图 6-11 所示。

除此之外,古埃及的金字塔、巴黎圣母院和巴黎埃菲尔铁塔等建筑空间据说都有黄金比例的痕迹。有人这样说道:拥有黄金比例的事物不一定都是美的;但凡是美的事物,都拥有黄金比例。

6.3.2 空间的装饰美感

空间的装饰美感所包含的内容丰富,它包含了空间的颜色、材质、图案等方面。

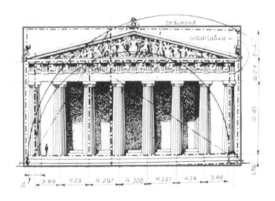

图 6-11　古希腊雅典帕特农神庙的黄金比例

凡尔赛宫把空间的装饰美感发挥到了极致,空间里使用了大量具有装饰性的元素,如壁画、挂画、雕塑、顶部造型、摆件、织物(地毯、挂毯、床品、窗帘)、立面装饰图案等。现代空间对装饰美感的表现也不外乎这些方法了。空间中的装饰美感如图 6-12 所示。

图 6-12　空间中的装饰美感

6.3.3　空间的结构美感

空间的结构指的是在空间建造过程中必要的建筑构件,比如承重柱、梁等。空间的结构美感则指的是对这些建筑构件所呈现出的视觉感的欣赏。

对于建筑结构美感的欣赏,中国具有悠久的历史。中国古代建筑无论是抬梁式、穿斗式或者杆栏式等建筑都采用了柱体承重的先进样式。无论是柱梁的理性之美、斗拱的力度之美还是藻井的组合之美,这些都是对建筑结构美感的表现。这样的建筑力学成就获得了全世界的认可和尊重。中国古代建筑的结构美感如图 6-13 所示。

现代对于空间结构美感的欣赏,在西方始于 20 世纪的现代主义建筑。现代主义建筑适应社会的发展,采用了新的建筑结构体系和建筑材料,让建筑形象展现出了结构之美。现代主义建筑师菲力普·约翰逊(Philip Johnson)建造的水晶大教堂(见图 6-14)就是现代主义建筑展现结构之美的典型代表。教堂长度达 122 米,宽度达 61 米,高度达 36 米。整栋建筑由全钢架结构和 10 000 扇玻璃窗户共同组成,"水晶大教堂"之名也由此而来。对于建筑结构美感的认知,为空间美感设计拓展了外延。

中国著名建筑师王澍在空间设计上,偏爱中国传统空间的设计元素,如青瓦、木构架、坡屋顶等,如图 6-15 所示。在空间上力图用现代的审美视角展现出传统建筑的生命力。在他的农村改建项目和中国美术学院象山校区项目中,向体验者展示出了空间的结构美感。

斗拱与藻井 古建筑结构

图 6-13 中国古代建筑的结构美感

图 6-14 "水晶大教堂"现代建筑的结构美感

图 6-15 王澍的建筑空间结构美感

6.4
空间的节奏与韵律

德国哲学家黑格尔(Georg Wilhelm Friedrich Hegel)说:"音乐是流动的建筑,建筑是凝固的音乐"。可以说,节奏和韵律让在空间中的体验变得诗意而从容。

6.4.1　空间整体设计中的节奏

在空间设计时,把握住空间的节奏感是十分必要的。体验者进入空间之后,设计师可以通过对空间整体节奏的把握来预设空间产生的实际效果。这个原理其实就像写文章一样,在主题一定的前提下,先写什么内容,再写什么内容,而最终结尾又是什么样的——这些都是可以预设的——空间是采用"循序渐进"的节奏,或者"欲扬先抑"的节奏,又或者"开门见山"的节奏……

中国四大名园之一的留园(又称寒碧山庄)在空间节奏上体现出把握得当的特点。留园整体空间大致分为两个部分:一是以寒碧山房为主的前园水景景观空间;二是以冠云峰为主的后园石景空间。从留园大门进入,经过"古木交柯"蜿蜒曲折的路径,视线由封闭逐渐转为开放,当体验者经过"绿荫"到达"明瑟楼"时,前园空间的视野全部打开,这对体验者的视觉冲击力是非常大的。其实,这就是典型的"欲扬先抑"的空间节奏。前园景观经过"五峰仙馆"的空间过渡,再到"还我读书处"时,空间进行收紧处理,最后到达冠云峰所在的精彩后园,完成对整个留园空间主要景观的游览。

在这里,可以把空间的开始或者结束部分称为空间的"端点",空间过渡的具有视觉吸引力的部分称为"节点",空间的主要精彩部分称为"高潮"。对留园的空间节奏分析如图6-16所示。

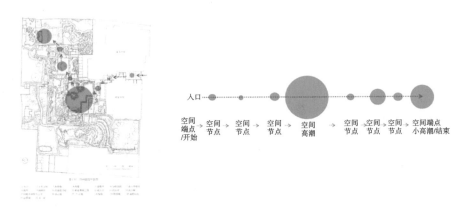

图6-16　留园空间节奏分析

经分析后可知:留园空间的主干节奏逻辑清楚、主次分明、张弛有度、层级丰富。在主干节奏之外,稍大一些的空间节点还有属于自身的更为细致化的空间节奏。在留园中,中国传统建筑空间与景观空间相互融合,设计节奏依次递进,最终形成了庞杂却又逻辑分明的空间节奏。

凡尔赛空间节奏设计简单、直接。凡尔赛空间经由宫殿建筑入口进入,在宫殿内部达到整个空间的高潮。经由宫殿建筑空间出来,就到达了凡尔赛花园的精彩部分。再之后,空间节点逐渐淡化,直至最终消失。建筑空间和景观空间区分明显,各不相关。值得注意的是,欧式传统园林空间端点(结束)部分大多没有明显的界线,它是由人工园林逐渐过渡为自然景观。总的来说,欧式古典空间属于典型的"开门见山"的空间节奏,空间轴线也通常设为直线,易于辨识,如图6-17所示。

6.4.2　空间局部设计中的韵律

空间的韵律感可以丰富整个空间的视觉感受,让空间设计呈现出精致感。在王澍设计的中国美术学院象山校区空间中,如山脉般起伏的屋顶和绵延的楼梯相得益彰,将中国山水画般的磅礴气势展露出来,如图6-18所示。

图 6-17　凡尔赛宫节奏设计

图 6-18　中国美术学院象山校区屋顶的韵律

　　空间外立面折叠的窗扇可以根据不同的使用者习惯和不同的时间进行开合折叠调整。这些或开或闭的窗户展现出空间韵律。它们不断刷新着空间的面貌，给人带来变化着的新鲜感，如图 6-19 所示。

图 6-19　中国美术学院象山校区立面开窗的韵律

6.5
空间的错视

6.5.1　什么是错视

　　人在对视觉的不断深入研究过程中发现了"错视"这一非常有趣的内容。错视，即视错觉，是人基于不当的参照或者经验主义所产生的错误判断。对错视的研究和运用，最早开始于视觉传达和图案、图形设计领域，如图 6-20 所示。

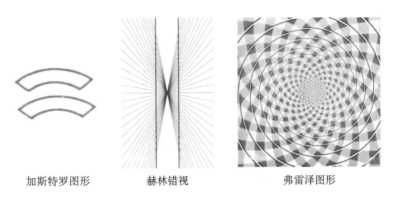

加斯特罗图形　　　　　　赫林错视　　　　　　　弗雷泽图形

图 6-20　错视研究图

加斯特罗图形上下两个扇形虽然是相同大小,但给人上小下大的错觉。赫林错视图形中的红色线条看起来像是弯曲的,但实际上它们是相互平行的两根直线。弗雷泽图形虽然是二维平面图形,但给人的感觉像是在不停地旋转运动着。历史上,还有很多类似的错视研究案例,在此不再赘述。

6.5.2　空间中的错视

当把错视运用到空间设计中时,产生了不同以往的奇特效果。

空间"错视"设计方法之一,是对界面进行饰面错视设计。在下面的空间案例中,通过在空间立面上进行绘制(或者铺设)平面图形/图案,让人产生了空间"扭曲"的错觉,如图 6-21 所示。

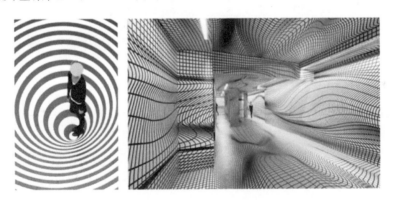

图 6-21　"扭曲"的错视空间

在空间界面饰面错视设计中,在界面大小相同的前提下,当"地面为横向纹理/图案"时,空间具有横向的延伸感;当"地面为纵向纹理/图案"时,空间具有前后的延伸感;当"地面为斜向纹理/图案"时,空间具有装饰性和不稳定感;当"地面为无规则纹理/图案"时,空间具有较强的装饰感,如图 6-22 所示。

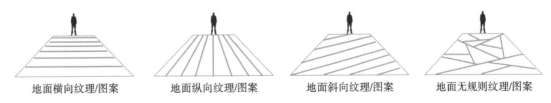

地面横向纹理/图案　　　地面纵向纹理/图案　　　地面斜向纹理/图案　　　地面无规则纹理/图案

图 6-22　空间底界面错视设计示意图

"长城脚下的公社"是 12 位亚洲建筑师共同合作完成的空间设计项目。在"手提箱"建筑空间中,香港建筑师张智强就充分运用空间错视设计手法——在空间的底界面采用纵向的铺设方法,这加强了空间的进深感,以此让空间具有了戏剧化视觉的效果,如图 6-23 所示。

图 6-23　"手提箱"建筑空间错视设计

位于纽约曼哈顿的高线公园(High Line Park)是一座在废弃高架铁轨上新建起来的公共市政公园。高线公园中采用"线"作为空间设计主题:纵向铺设的条状防腐木,不仅向体验者指引了空间的方向,还加强了空间的纵向进深错觉;横向铺设的地面则在视觉上加宽了休闲停留区的空间宽度,如图 6-24 所示。

图 6-24　高线公园

除了对空间界面进行饰面错视设计之外,如果在空间设计中运用透视原理再加上错视设计的话,那么出现的空间效果会更加让人惊奇。一个名为"Zuo Corp"约 36 平方米的小型室内空间在设计时就采用了这样的方式:在空间水平界面和垂直界面交界线(透视线)上做了线状的灯带进行强调,立面及顶面采用镜面玻璃材质。该设计让这个小空间产生了不断延伸的错视,并最终达到了小中见大的视觉效果,如图 6-25 所示。

图 6-25　Zuo Corp 室内错视空间设计

实训环节：

以"B"前期设计成果为依据,继续深入和优化其空间设计。在设计过程中应充分发挥实物模型对设计的探索和验证作用。

第7章

空间的创意

KONGJIAN DE CHUANGYI

7.1

创意的来源

设计来源于生活但又不仅仅反映现实生活。设计师通过对现有生活的深刻体会,分析当前生活中的优点与不足,尝试用设计的方式去提炼、放大生活的美,让人们生活得更加舒适、方便和美好。通过设计来改善人们的生活条件和生活状态,改变人们的生存意识,进而推动人类社会的进步与发展。设计的创意来源覆盖到了方方面面。

7.1.1 创意来源于对历史的学习与反思

对历史的学习和反思一直是推进设计发展的重要途径。历史文化的精华需要去继承和发扬,这需要设计师具有辩证的思维和继往开来的责任感。曾出现在 14 世纪到 17 世纪的意大利"文艺复兴(Renaissance)"运动、18 世纪的"新古典主义(Neoclassicism)"运动等都是典型的例子。

在乌镇国际会展中心空间设计中,王澍根据乌镇的古建筑群视觉特点,提取了"层叠青瓦斜屋顶"、"片段白墙"和"乌镇水脉"等具有代表性的符号,运用现代审美和技术手段完成了这个气质飘逸的中国式空间,如图 7-1 所示。

层叠的青瓦斜屋顶
乌镇的城市水脉
少量孤植的树木
片段化的白墙

图 7-1 乌镇国际会展中心空间创意分析

贝聿铭先生在进行苏州博物馆新馆空间设计时,也充分考虑了历史和周围环境因素,设计出一个具有现代主义风格的中式空间。苏州博物馆新馆整个空间颜色为青灰(瓦)+粉白(墙),加入竹子、松木、睡莲等具有中国特色的植物进行搭配。青色的斜屋顶、雪白的墙面、"框景"立面开口……从建筑空间外观到空间内部,再到中式景观空间,浓浓的中国风格,简约的新空间面貌,如图 7-2 所示。

7.1.2 创意来源于对事物的认知与思考

对于存在于周边的事物,经常会因为过于熟悉而忽略。当对它们进行重新的认识和思考之后,往往会有新

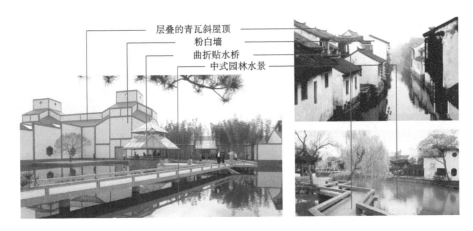

图 7-2　苏州博物馆新馆空间创意分析

的发现。

　　比利时一个名为"字里行间"(Reading Between The Lines)的教堂空间就运用了透视原理(见图 7-3)作为设计突破点。对透视的研究让我们发现:当被观察物体存在于一些特殊位置的时候,它的某些面会被遮挡。当被观察物体处在视平线上时,这种情况最为明显。在教堂空间设计中,设计师充分利用了这一特殊情况,通过夸张的设计手法,让教堂空间呈现出令人惊叹的效果。

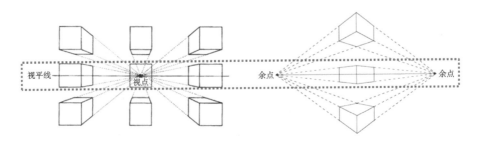

图 7-3　透视原理分析图

　　教堂空间使用特别定制的耐候钢板作为基础建设材料。薄薄的耐候钢板通过特殊的搭建方式,在人的视平线位置几乎实现了"隐形"。根据空间体验者视角的不同,教堂呈现出令人惊叹的视觉效果。"隐形"的教堂看起来如梦似幻,这甚至让空间体验者对它的真实感产生了怀疑,如图 7-4 所示。

图 7-4　"字里行间"(Reading Between The Lines)教堂

　　在日本的建筑师中村拓志(Hiroshi Nakamura)设计的"光学玻璃住宅"(见图 7-5)中,设计师在二层花园水池的底面采用了局部透明玻璃。透明的玻璃底面刚好位于一层玄关空间的上空。在玄关中,透过玻璃,抬头便可看见二楼花园的树木葱茏、阳光灿烂,也可看见下雨时二楼水池的涟漪。这样的设计放大了日常生活中的细节之美。该住宅空间的创意和细腻的设计让人心动不已。

图 7-5 "光学玻璃住宅"

无论是教堂还是住宅空间的设计创意都表明:只要细心观察与发现,往往就会被身边的事物吸引和感动。对事物的认知与思考是创意的来源之一。

7.1.3 创意来源于对自然的敬畏与欣赏

赫克多·吉玛德(Hector Guimard)曾写道:"自然的巨著是我们灵感的源泉,而我们要在这部巨著中寻找出根本原则,限定它的内容,并按照人们的需求精心地运用它。"

兴起于 19 世纪末 20 世纪初的新艺术运动(Art Nouveau)时期,空间设计师们用他们对自然界近乎虔诚的态度,建造出了如童话般的空间。新艺术运动推崇自然界的美,常采用植物生长时的卷曲、延伸感作为设计主题,营造出独特的空间视觉效果。即使现在,新艺术运动时期的空间设计作品仍被学子们奉为经典。

维克多·霍塔(Victor Horta)基本保留建筑原有的结构不变,在柱体、栏杆、窗户、墙体、地面装饰等设计上做出了细腻的新艺术效果。他通过把三维实物的造型和空间界面的图案装饰进行搭配,形成了相互映衬的效果,从而让整个空间的格调突出、风格统一,如图 7-6 所示。

图 7-6 维克多·霍塔的室内空间

赫克多·吉玛德(Hector Guimard)利用可塑形的金属材料做出建筑结构,再用玻璃进行空间限定,从而让整个空间由内至外拥有了新艺术气质。他的空间设计作品展现出干净、通透、整体的视觉感,如图 7-7 所示。

图 7-7　赫克多·吉玛德设计的巴黎地铁站入口空间

西班牙新艺术空间设计大师安东尼·高迪(Antoni Gaudí)曾说过:"只有疯子才会试图去描绘世界上不存在的东西!"对于安东尼·高迪来说,自然界不存在直线与完全平整的面,他的空间当然也尽量不存在完全笔直的线与完全平整的面(除了底界面)。如天然形成般"自然"的立面与顶面让整个空间展现出结构美感的同时,让参观者有了独特的体验感。在色彩设计上,高迪要么喜欢把空间统一在同一个色调里,要么就展现出五彩缤纷的颜色魅力。细碎不规则的五彩瓷片的拼贴是他的色彩设计标识。安东尼·高迪的新艺术空间设计如图7-8所示。

图 7-8　安东尼·高迪的新艺术空间设计

西班牙设计师圣地亚哥·卡拉特拉瓦(Santiago Calatrava)在美国纽约世贸中心中转站空间设计时,采用了仿生学的设计方法。世贸中心中转站空间外形设计来自于对自然界动物的模仿;内部空间设计时,通过结构设计展现出空间美感。世贸中心中转站空间通体雪白,给人以干净和轻盈感。空间中"重复、渐变、相似"的设计手法得到了很好的运用,如图 7-9 所示。

图 7-9　纽约世贸中心中转站空间设计

7.2

创意的捕捉、形成与提炼

7.2.1 创意设计的工作过程

对空间进行创意设计,可以让作品具有新颖性和刺激性。

创意,是一种想法,是一个思维点。如何把创意变为设计作品,每个设计师根据自身的工作习惯,都有自己的一套做法。

创意设计的工作过程有以下三个步骤。

1. 创意点的捕捉

大多数设计师通常从手绘草图开始。手绘方式能以最短的时间和最直接的方式把思维以视觉的方式直观呈现出来。手绘草图的重点在于准确、有效地反映出设计思维,而并不在于手绘效果的精致和写实程度。

2. 创意的形成和提炼

通过对思维草图的提炼和改进,运用空间设计方法让设计方案逐渐落实。这个过程的重点是考虑怎样在确保设计效果的同时把创意与现实技术、材料等进行结合。这个部分是最为谨慎,但又最需要发挥设计师创造力和应变能力的阶段。

3. 后期调整和完善

在这个阶段,设计方案经过不断的调整和完善,最终的设计效果就呈现出来了。这个部分需要注意的是保证整个设计的方向不会偏离设计主题;确保整个设计手法的统一性和完整性。

7.2.2 创意在空间设计中的实现

以下将从"有现实形态的创意实现"和"纯想法类的创意实现"两个方面,以结合案例分析的方式,展示出设计师是如何在空间设计中实现"创意"的。

1. 有现实形态的创意实现

在伊东丰雄设计的仙台媒体中心(简称 SMT)设计案例中,以"随波摇曳的水草"作为设计创意点,从"创意想法→草图→设计呈现"具有清晰的工作过程,如图 7-10 所示。

随波摇曳的水草 ➡ "水草"形态提取 ➡ "水草"形态与空间设计的结合 ➡ 模型验证 ➡ 设计完成

图 7-10 仙台媒体中心设计创意实现过程

从伊东丰雄的前期构思草图可以看出空间设计创意的来源和设计初步构想,如图 7-11 所示。

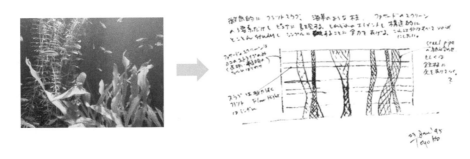

图 7-11　伊东丰雄的设计创意点和构思草图

构思的设计调整如下。

为了确保空间达到"随波摇曳的水草"效果，伊东丰雄认为常见的直线型承重柱会有碍于设计效果的呈现，所以他首先考虑把空间的承重柱换成"钢架筒柱"；为了保证"水草"的飘逸感和连贯性，他把空间中的常规水泥地板换成了更薄的钢板；为了确保观察"水草"的视线无障碍，他把空间中可能遮挡视线的立面尽量打开或者干脆采用大面积的高清玻璃。仙台媒体中心设计思维演变分析图如图 7-12 所示。

图 7-12　仙台媒体中心设计思维演变分析图

通过这个阶段对创意的适当调整和落实，伊东丰雄成功地把创意点通过空间设计的方式展现了出来，形成了独具特色的市民公共空间。伊东丰雄的仙台媒体中心空间设计过程具有思维的完整性。仙台媒体中心实景图如图 7-13 所示。

图 7-13　仙台媒体中心实景图

20 世纪中期，在设计领域诞生了一门被称为"仿生学"的既古老又新颖的学科，它指的是：通过研究生物体的结构、功能与工作原理，创造出适用于生产、学习和生活的新技术和新形态。2008 年，中国为筹备北京奥运会所建造的主体场馆"鸟巢"便是仿生学在空间设计上的典型案例。顾名思义，体育场的空间模仿了鸟类的巢穴。它由一根根"线条"交叉编织而成，是北京的城市标志性空间之一，如图 7-14 所示。

2. 纯想法类的创意实现

日本建筑师藤本壮介的 NA 住宅空间以一种不同寻常的方式探索居住空间的可能。据说 NA 住宅空间的设计初衷是提供一种全新的空间体验。在 NA 住宅空间中，人就像一只小鸟停留于树梢，高高低低的树枝都是

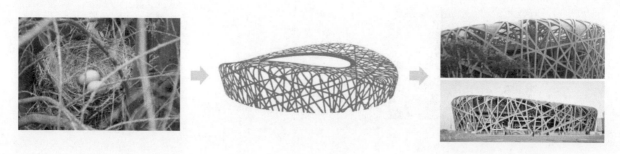

图 7-14   鸟巢

可以驻足停留的空间。环顾四周,外部世界根据空间体验者在树枝上停留的不同高度展现出不同的面貌,这是何其自由、何其自在、何其刺激!

NA 住宅空间创意设计工作的步骤如图 7-15 所示。

树梢间的自由感 ➡ "自由"的来源(视线和路线) ➡ "自由"与空间设计的结合 ➡ 模型验证 ➡ 设计完成

图 7-15   NA 住宅空间设计创意实现过程

图 7-16 展示了藤本壮介空间设计创意的来源和设计过程。

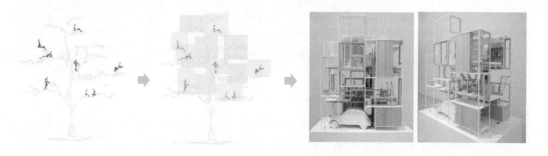

图 7-16   NA 住宅空间创意思维分析过程

NA 空间的"自由"主要依靠体验者在空间中的视线设计和路线设计来实现。NA 空间打破了一般常规性的"楼层"和"居住"的概念。藤本壮介在空间中主要采用了"面"作为空间限定的元素,高低错落的"底面"是设计重点。开放的视线,不同的视线高度,不同的视线角度和范围在 NA 住宅空间中被大胆实现。NA 住宅空间呈现出一种看似"随意"的"穿插"和"组合"。藤本壮介的空间以一种看似奇特却又符合人体尺寸的方式开发出了空间设计的潜力。NA 住宅空间模型局部表现如图 7-17 所示。

图 7-17   NA 住宅空间模型局部表现

在 NA 居住空间的模型和实景中可以看见:空间的底面进行了或高或低的抬升(或者下降),可以满足体验者或坐、或躺、或走的日常姿势,这种设计还可代替部分实用家具。NA 住宅的整个空间视线开阔,空间立面开合设计较为自由,除了必要的隐私空间之外,空间基本没有封闭感。NA 住宅空间实景和 NA 住宅空间街区环境如图 7-18 和图 7-19 所示。

图 7-18　NA 住宅空间实景

图 7-19　NA 住宅空间街区环境

基本全开放的多层级空间设计方式无疑带给体验者一种全新的空间认知。作为空间设计研究,藤本壮介设计的 NA 居住空间无疑是新颖的、具有探索意义的。

德国维特拉消防站(Vitra Fire Station)位于德国莱茵河畔瑞尔 Vitra 园区,建造时间为 1991—1993 年,占地面积 852 平方米,是扎哈·哈迪德(Zaha Hadid)早期的空间设计作品。结合空间的功能需求,该项目的设计创意来源于一种想法:速度感和力度感。

设计流程如图 7-20 所示。

速度感和力度感 ➡ 画面构图 ➡ 功能设计 ➡ 模型验证 ➡ 设计完成

图 7-20　设计流程

图 7-21 所示为消防站空间创意思维分析过程。

速度感
力度感

图 7-21　消防站空间创意思维分析过程

德国维特拉消防站从最初的"速度感＋力度感"的空间气质定位,直到在绘画和折纸中获得具体的形态,之后再根据以上的创意运用模型进行设计想法的验证,最终获得了这个极具张力的空间。

该项目以"面"为设计主要元素,辅以"线"为点缀。空间的外部造型与内部设计一气呵成,具有非常强烈的完整感。消防站空间外部实景和消防站空间内部实景如图 7-22 和图 7-23 所示。

空间设计创意来源广泛,创意实现的过程也具有多样化的特点。创意是设计的灵魂。可以说,没有创意的

图 7-22　消防站空间外部实景

图 7-23　消防站空间内部实景

作品不能称为"设计作品"。

实训环节：

综合运用本书知识进行"主题空间 C"设计。记录并整理设计过程，以图纸、展板和实物模型为最终呈现方式，总结和分享设计成果。

[1] 彭一刚.中国古典园林分析[M].北京:中国建筑工业出版社,2008.

[2] 布莱恩·劳森[M].设计思维——建筑设计过程解析(原书第三版).范文兵,范文莉,译.北京:中国水利水电出版社,2007.

[3] 刘敦桢.中国古代建筑史[M].北京:中国建筑工业出版社,2008.

[4] 彭一刚.建筑空间组合论[M].3版.北京:中国建筑工业出版社,2008.

[5] 郑希成.京城民居宅院[M].北京:学苑出版社,2009.

[6] 周至禹.思维与设计[M].北京:北京大学出版社,2009.

[7] Philip Hughes.会展设计教程[M].敖航洲,译.北京:电子工业出版社,2011.

[8] 勒·柯布西耶.模度[M].张春彦,邵雪梅,译.北京:中国建筑工业出版社,2017.

[9] 孙天正,李露.变换的凝视——试论欧洲15—19世纪风景园林的观看之道[J].中国园林,2012,28(03):42-48.